全国BIM技术应用
校企合作系列规划教材

BIM建筑模型创建与设计

建筑学相关专业适用

总主编　金永超

主　　编　许　蓁

副主编　过　俊　白雪海　王　婷

主　　审　倪伟桥

西安交通大学出版社
XI'AN JIAOTONG UNIVERSITY PRESS

内容简介

本书共 9 章,分为基础入门篇(第 1~4 章)、专业实践篇(第 5~8 章)、综合实训篇(第 9 章)三个部分。全书以 Autodesk Revit 作为基本建模软件进行讲述,内容涵盖了 BIM 在工程设计行业的应用理论,BIM 建筑模型的创建方法,使用 BIM 软件进行参数化设计、性能设计和协同设计流程等。本书内容力求全面、系统、通俗、简洁、清晰,具有较强的实操性和广泛的适应性。

全书由浅入深,从最基本的软件基础操作开始,从建筑基本构件至 BIM 软件的设计应用及模型分析,每个关键操作均有案例引导,具有较强的实战性。同时针对不同程度的使用者分章节提供了相应的学习模块。

本书可作为高等院校建筑学及土建类专业 BIM 建筑模型创建和设计方面的课程教材,也可作为建筑行业的管理人员和技术人员学习参考用书,以及 BIM 相关培训用书。

图书在版编目(CIP)数据

BIM 建筑模型创建与设计/许蓁主编. ——
西安:西安交通大学出版社,2017.1
全国 BIM 技术应用校企合作系列规划教材
ISBN 978 - 7 - 5605 - 9324 - 1

Ⅰ.①B… Ⅱ.①许… Ⅲ.①模型(建筑)-设计-教材 Ⅳ.①TU205

中国版本图书馆 CIP 数据核字(2016)第 324220 号

书　　名	BIM 建筑模型创建与设计
主　　编	许　蓁
责任编辑	王建洪　祝翠华
出版发行	西安交通大学出版社
	(西安市兴庆南路 10 号　邮政编码 710049)
网　　址	http://www.xjtupress.com
电　　话	(029)82668357　82667874(发行中心)
	(029)82668315(总编办)
传　　真	(029)82668280
印　　刷	陕西金和印务有限公司
开　　本	787mm×1092mm　1/16　印张 15　字数 348千字
版次印次	2017 年 5 月第 1 版　2017 年 5 月第 1 次印刷
书　　号	ISBN 978 - 7 - 5605 - 9324 - 1
定　　价	59.80元

读者购书、书店添货,如发现印装质量问题,请与本社发行中心联系、调换。
订购热线:(029)82665248　(029)82665249
投稿热线:(029)82668526　(029)82668133
读者信箱:BIM_xj@163.com

"全国 BIM 技术应用校企合作系列规划教材"
编审单位

天津大学	南通航运职业技术学院
华中科技大学	昆明理工大学津桥学院
西安建筑科技大学	石家庄铁道大学四方学院
北京工业大学	中国建筑股份有限公司
天津理工大学	清华大学建筑设计研究院有限公司
长安大学	中国航天建设集团
昆明理工大学	中机国际工程设计院有限公司
沈阳建筑大学	上海东方投资监理有限公司
云南农业大学	云南工程勘察设计院有限公司
南昌航空大学	云南城投集团
西安理工大学	陕西建工第五建设集团有限公司
哈尔滨工程大学	云南云岭工程造价咨询事务所有限公司
青岛理工大学	中国建筑科学研究院北京构力科技有限公司
河北建筑工程学院	东莞市柏森建设工程顾问有限公司
长春工程学院	香港图软亚洲有限公司北京代表处
西南林业大学	广东省工业设备安装有限公司
广西财经学院	金刚幕墙集团有限公司
南昌工学院	上海赛扬建筑工程技术有限公司
西安思源学院	福建省晨曦信息科技股份有限公司
桂林理工大学	译筑信息科技（上海）有限公司
黄河科技学院	云南比木文化传播有限公司
北京交通职业技术学院	北京筑者文化发展有限公司
上海城市管理职业技术学院	江苏远统机电工程有限公司
广东工程职业技术学院	江苏远通企业有限公司
云南工程职业技术学院	上海谦亨网络信息科技有限公司
云南开放大学	北京中京天元工程咨询有限公司
云南工商学院	筑龙网
云南冶金高等专科学校	中国 BIM 网
陕西铁路工程职业技术学院	

当前,中国建筑业正处于转型升级和创新发展的重要历史时期,以数字信息技术为基本特征的全球新一轮科技革命和产业变革开启了中国建筑业数字化、网络化、精益化、智慧化发展的新阶段。BIM 则是划时代的一项重大新技术,它引导人们由二维思维向三维思维甚至是虚拟的多维思维的转变,并以此广泛应用于建设开发、规划设计、工程施工、建筑运维各阶段,最终走向建筑全寿命周期状态和性能的实时显示与把控。第四次工业革命已经悄然来临,BIM 技术在推动和发展建筑工业化、模块化、数字化、智能化产品设计和服务模式方面起到了独特的作用,特别是它可以实时反映和管控规划、设计和建造甚至运行使用中建筑物产品的节能、减排效应的状况。因此,BIM 在建筑产业中的推广应用,已经成为当今时代的必然选择。

随着国家和地方相关行业政策和技术标准的相继出台,更是助推了 BIM 深入发展和广泛应用。

在迎接日益广泛推广应用 BIM 和进一步研发 BIM 的当下,以及在今后相当长的一段时间里,都必须积极采取措施,强化培养从事 BIM 实操应用和研究开发的专业人才。相关高等和专科学校,应当根据不同学科和专业的需要,开设适当层级的 BIM 课程(选修课和必修课)。同时,有效地开展不同形式的 BIM 培训班和专门学校,也是必要的可行的,以应现实之所需。

有鉴于此,以金永超教授为首的几位教授、专家和西安交通大学出版社,于去年夏天,联合邀约从事 BIM 教学工作的教授老师和在企业负责担任 BIM 实操领导工作的专家里手一起,经过多次会商研讨后,共推金永超教授为总主编,在他统筹策划和主持下,"全国 BIM 技术应用校企合作系列规划教材"应运而生,内容分别为适用于建筑学相关专业、土木工程相关专业、机电工程相关专业、项目管理相关专业、工程造价相关专业、工程管理相关专业、风景园林相关专业和建筑装饰相关专业的教材一套共八本,其浩繁而艰巨的编写、编辑、出版工作就积极紧张地开始了。在不到一年的时间里,本人有幸在近日收到了其中的四本样书。如此高效顺利付梓出版,令我分外高兴和不胜钦佩之至,对此人们不能不看到作者们和编辑出版同仁们所付出的艰辛功劳,当然它也是校企与出版社密切合作的结果成果。我从所见到的这四本样书来看,这套教材总体编辑思路是清楚的,内容选取和次序安排符合人们的一般思维逻辑和认知规律。而本套教材的每一本书均针对一种特定的相关专业,各本书均按照基础入门篇、专业实践篇和综合实训篇三部分内容和顺序开展叙述和讲解。这是一项具有一定新意的尝试,以尽力符合本套教材针对落地实操的基本需求。

至于 BIM 多维度概念、全寿命周期理念,以及其具体实操的程序和方法,则是尚需我们努力开发的目标和任务,同时在产业体制、机制上,也需要作相应的改革和变化,为适应和满足真正开通实施全寿命周期管理创造基本条件和铺平道路。我们期望人们在学习这套教材的同时，或是学习这套教材之后，对 BIM 的认知思维必定有所升华，即能从二维度思维、立体思维扩大至多维度思维，经过大家的不懈努力，则我们追求的"全生命周期管理"目标定当有望矣！其实本人后面这些话语，乃是我本人对中国 BIM 技术发展的遐想和对学习 BIM 课程学子们的殷切期望。

这套系列教材实是校企双方在 BIM 技术教学和实操应用过程中交流合作，联合取得的重要成果，是提供给广大院校培养 BIM 人才富含新意内容的教材。同时，它也是广大工程专业人员学习 BIM 技术的良师益友。参与编著出版者对这套规划系列教材所付出的不懈努力和他们的敬业精神，令人印象十分深刻，为此本人谨表敬意，同时本人衷心期望，这套规划系列教材能一如既往地抓紧抓好，不忘初心方得始终地圆满完成任务。这套作为普及性的 BIM 教材，内容简练并具有一定的特色，但全书内容浩繁，估计全书不足之处在所难免，本人鼓励各方人士积极提出批评意见，以期再版时，得到进一步改进和充实。

特欣然为之序！

住建部原总工程师
瑞典皇家工程科学院院士
2017 年 4 月 1 日于北京

建筑业信息化是建筑业发展的一大趋势,建筑信息模型(Building Information Modeling,BIM)作为其中的新兴理念和技术支撑,正引领建筑业产生着革命性的变化。时至今日,BIM 已经成为工程建设行业的一个热词,BIM 应用落地是当前业界讨论的主要话题。人才匮乏是新技术进步与发展的重大瓶颈,当前 BIM 人才缺乏制约了 BIM 的应用与普及,学校是人才培养的重要基地,只有源源不断的具备 BIM 能力的毕业生进入工程行业就业,方能破解当前企业想做 BIM 而无可用之人的困境,BIM 的普及应用才有可能。然而,现在学校的 BIM 教育并没有真正地动起来,做得早的学校先期进行了一些探索,总结了一些经验,但在面上还没能形成气候。究其原因有很多,其中教师队伍和教材建设是主要原因。从当前 BIM 应用的实际,我们的企业走在前头,有了很多 BIM 应用的经验和案例,起步早的企业已有了自己的 BIM 应用体系,故此在住建部、教育部相关领导的关心指导下,在西安交通大学出版社和筑龙网的大力支持下,我们联合了目前学校研究 BIM 和开展 BIM 教学的资深老师和实践 BIM 的知名企业于 2016 年 8 月 13 日启动了这套丛书的编制,以期推动学校 BIM 教育落地,培养企业可用的 BIM 人才,力争为国家层面 2020 年 BIM 应用落地作点贡献!

本套教材定位为应用型本科院校和高等职业院校使用教材,按学科专业和行业应用规划了 8 个分册,其中《BIM 建筑模型创建与设计》《BIM 结构模型创建与设计》《BIM 水、暖、电模型创建与设计》注重 BIM 模型建立,《BIM 模型集成应用》《BIM 模型算量应用》《BIM 模型施工应用》则注重 BIM 技术应用。结合当前 BIM 应用落地的要求,培养实用性技术人才是当前的迫切任务,因此本套教材在目前理论研究成果下重视实践技能培养。基于当前学校教学资源实际,制定了统一的教育教学标准,因材施教。系列教材第一版分基础入门篇、专业实践篇、综合实训篇三个部分开展教授和学习,内容基本涵盖当前 BIM 应用实际。课程建议每专业安排 3 学分 48 学时,分两学期或一学期使用,各学校根据自身实际情况和软硬件条件开展教学活动。

教法:基础入门篇为通识部分,是所有专业都应该正确理解掌握的部分,通过探究 BIM 起缘,AEC 行业的发展和社会文明的进步,教学生认识到 BIM 的本质和内涵;通过对 BIM 工具的认识形成正确的工具观;对政策标准的学习可以把脉行业趋势使技术路线不偏离大的方向。学习 Revit 基础建模是为了使学生更好地理解 BIM 理念,形成 BIM 态度,通过实操练习得到成就感以激发兴趣、促进专业应用教学。BIM 应用离不开专业支持,专业实践部分力求体现现阶段成熟应用,不求全但求能开展教学并使学生学有所获。综合实训是对课时不足的有益补充,案例多数取材实际应用项目,可布置学生在课外时间完成或作为课程设计使用,以提高学生实战能力。

学法:学生须勤动手、多用脑,跟上教学节奏,学会举一反三,不断探究研习并积极参与工程实践方能得到 BIM 真谛。把书中知识变成自己的能力,从老师要我学,变成我要学,用

BIM 思维武装自己的头脑,成长为对社会有益的建设人才。

BIM 是一个新生的事物,本身还在不断发展,寄希望一套教材解决当前 BIM 应用和教育的所有问题显然不合适。教育不能一蹴而就,BIM 教育也不例外,需要遵循教育教学规律循序而进。本系列教材为积极推进校企合作以及应用型人才培养工程而生,充分发挥高校、企业在人才培养中的各自优势,推动 BIM 技术在高校的落地推广,培养企业需要的专业应用人才,为企业和高校搭建优质、广阔的合作平台,促进校企合作深度融合,是组织编写这套教材的初衷。考虑到目前大多数高校没有开展 BIM 课程的实际,本套教材尽量浅显易教易学,并附有教学参考大纲,体现 BIM 教育 1.0 特征,随着 BIM 教育逐渐落地,我们还会组织编写 BIM 教育 2.0、3.0 教材。我们全体编写人员和主审专家希望能为 BIM 教育尽绵薄之力,期待更多更好的作品问世。感谢我们全体策划人员和支持单位的全力配合,也感谢出版社领导的重视和编辑们的执着努力,教材才能在短时间内出版并向全国发行。特别感谢住建部前总工程师许溶烈先生对教材的殷殷期望。

本套教材为开展 BIM 课程的相关院校服务,既可满足 BIM 专业应用学习的需要又可为学校开展 BIM 认证培训提供支持,一举两得;同时也可作为建设企业内训和社会培训的参考用书。

最后需要强调:BIM,是技术工具,是管理方法,更是思维模式。中国的 BIM 必须本土化,必须与生产实践相结合,必须与政府政策相适应,必须与民生需要相统一。我们应站在这样的角度去看待 BIM,才能真正做到传道授业解惑。

金永超

2017 年 4 月于昆明

以 BIM 为核心的最新信息技术,已经成为支撑建设行业技术升级、生产方式变革、管理模式革新的核心技术。住建部 2015 年 6 月发布《关于推进建筑信息模型的指导意见》,文件中指出,到 2020 年末,建筑行业甲级勘察、设计单位以及特级、一级房屋建筑工程施工企业应掌握并实现 BIM 与企业管理系统和其他信息技术的一体化集成应用;到 2020 年末,以下新立项项目勘察设计、施工、运营维护中,集成应用 BIM 的项目比率达到 90%;以国有资金投资为主的大中型建筑;申报绿色建筑的公共建筑和绿色生态示范小区。因此,随着企业和工程项目对 BIM 的快速推进,BIM 应用人才的培养也变得非常急迫。

《BIM 建筑模型创建与设计》的编写,旨在为高等院校建筑学及土建类专业学生提供 BIM 建筑模型创建和设计方面的课程指导,为相关课程的任课教师提供讲授内容的参考。本书内容涵盖了 BIM 在工程设计行业的应用理论,BIM 建筑模型的创建方法,使用 BIM 软件进行参数化设计、性能设计和协同设计流程等。本书以 Autodesk Revit 作为基本建模软件进行讲述,内容力求全面、系统、通俗、简洁、清晰,具有较强的实操性和广泛的适应性。

本书由浅入深,从最基本的软件基础操作开始,从建筑基本构件至 BIM 软件的设计应用及模型分析,每个关键操作均有案例引导,具有较强的实战性。同时针对不同程度的使用者分章节提供了相应的学习模块。如第 3、4 章针对软件一般操作学习的使用者,第 5、6、7 章则针对使用 BIM 进行方案设计与深化的使用者,第 8 章针对团队协同设计与性能设计学习的使用者,课程设置上有不同程度的侧重和区分,增加了本书的适应性和可读性。本书不同于一般软件教材之处在于提供了建筑设计专业学生从方案设计的思考到逐步深化设计的操作流程,分享了教学过程中的相关经验和案例,相信读者可以从中受到一定的启发。

全书共 9 章,分为基础入门篇、专业实践篇、综合实训篇三个部分。基础入门篇(第 1~4 章):第 1~2 章为概论部分,讲授 BIM 理论的发展及相关技术特点,属于概论介绍。第 3~4 章为软件基本操作,重点介绍了 Revit 软件的基本界面、安装程序以及建筑专业相关构件的主要建模操作,如墙体、楼梯、门窗的创建和编辑等。专业实践篇(第 5~8 章):第 5~6 章是软件进阶部分,这一部分遵循一般的设计思维,讲述从概念体量、族到设计构件生成等方案设计步骤和深化流程,对 Dynamo 可视化编程基本方法的介绍。该部分集中了 Revit 建模设计应用的精华,为致力于以 Revit 为工具进行复杂建筑设计的读者提供进阶的帮助。第 7~8 章为 Revit 模型的应用和协同设计,讲述利用软件进行建筑性能仿真与设计,以及专业团队使用软件进行协同设计的方法和步骤。综合实训篇(第 9 章):第 9 章利用一个独立的设计案例,帮助读者完整地了解 BIM 模型创建的过程。

全书由许綦担任主编并统稿,过俊、白雪海、王婷担任副主编。编写工作由基础内容编写团队(负责第 1~4 章编写)和专业内容编写团队(负责第 5~9 章编写)完成。基础内容的编写前期由上海悉云建筑科技有限公司过俊主持编写,具体参与的还有上海悉云建筑科技有限公司王健、李硕、金尚臻，河南科技大学何杰，上海城建职业学院倪青，清华大学建筑设计研究院有限公司蔡梦娜、刘涛；后期的统稿和修改完善由南昌航空大学王婷主持，南昌航空大学肖莉萍配合做了大量工作；最终基础内容编写团队提供初稿，各分册主编结合教学需要进行了修改和调整并最终定稿。参加专业内容编写的人员及具体分工如下：第 5、7、9 章由天津大学白雪海主持编写，第 6 章由天津大学曲翠萃主持编写，第 8 章天津大学许蓁主持编写。

　　本书第 9 章的建筑建模案例由天津大学 2012 级本科生诸葛涌涛、黄昱琨同学提供并改编，天津大学建筑学院 2016 级研究生唐一伦、陈译民、王瑞等同学对全书的操作命令进行了上机验证，澳大利亚新兰威尔士大学硕士研究生刘明佳同学也在本书的编写过程中做出很多有益工作，在此一并向他们表示感谢。

　　最后，衷心感谢华中科技大学建筑与城市规划学院倪伟桥教授对本书严谨、细致的审阅，并提出了非常重要的意见和建议；感谢本套教材的总编金永超教授对本书的精心设计与安排；感谢西安交通大学出版社祝翠华主任的协调与支持。本书的部分研究成果来源于"高等学校学科创新引智计划"（项目编号 B13011），在此表示感谢！

　　BIM 这项新的技术在我国的应用还处在不断发展的初级阶段，本书中一定会有很多不尽完善的内容，我们衷心希望得到广大读者的批评和指正，促进建设行业 BIM 应用水平的不断提高。

编　者

2017 年 4 月于天津大学

C目 录
Contents

专业实践篇

综合实训篇

"BIM 技术建筑设计应用"①教学大纲

Teaching Syllabus for BIM Technology Application on Architectural Design

课程性质:学科基础课/专业必修课/专业选修课(具体参看相关专业人才培养方案确定)

适用专业:建筑学专业

先行、后续课程情况:

先行课:计算机基础;AutoCAD;建筑构造;建筑材料;建筑设计基础(或房屋建筑学);建筑设计(具体课程名称以相关专业人才培养方案为准)

后续课:多专业联合毕业设计及综合训练

学时学分:48 学时 3 分

一、课程性质和任务

BIM 是建筑信息模型(Building Information Modeling)的简称。当前,BIM 技术正在推动着建筑工程设计、建造、运维管理等多方面的变革。国内外建筑设计院正越来越多地将 BIM 引入公司的设计流程,大大提高了设计的精细化程度、沟通效率以及数据的互操作性。为应对行业趋势和社会需求,将建筑信息模型创建与设计引入教学计划十分必要和迫切,有助于提高人才素质,为建筑业新技术储备人才并引领行业进步。

本课程任务是培养学生在 BIM 理论与应用方面的技术能力和职业素养。通过介绍BIM 新技术,使学生接触专业领域的新事物,加深对本专业的理解认识,能将 BIM 与专业、岗位和职业相结合提高业务水平和能力。课程教学的重点是建立对 BIM 概念的正确理解,学会建立 BIM 模型的基本方法和技能,属知识技能型课程,重在理解和应用。

二、课程基本要求

1. 接触和了解目前建筑行业最先进的理念和技术。

2. 正确理解 BIM 的内涵及其对行业产生的深远影响。

3. 掌握主流建模软件(Revit/ArchiCAD)的使用方法和工序流程。

4. 掌握参数化模型的思维和创建技巧,自由应对课程设计过程中对负责形体创建的需求。

5. 理解建筑模型分析、模型可视化等应用的基本方法。

6. 了解协同设计的概念和方法。

三、课程教学内容

第 1 章　BIM 概论

　　BIM 的基本概念、来源、特点及优势;BIM 的发展与应用;BIM 国内外相关标准概述。

第 2 章　BIM 工具与相关技术

　　BIM 工具及核心建模软件概述;可持续(绿色)分析软件介绍;机电分析、结构分析、

①参考课程名。教学大纲具体内容根据各学校情况调整。

可视化软件等介绍、BIM 相关技术概述。

第 3 章　Revit 应用基础

Revit 操作界面、基本术语、文件格式、基本操作、用户界面、视图控制、图元操作、快捷键等概述。

第 4 章　Revit 模型的创建

项目设置、标高和轴网创建；结构柱、梁绘制、基础绘制；基本墙体、幕墙绘制；门窗绘制；楼板、屋顶绘制；楼梯、扶手、台阶、坡道等绘制；场地、RPC 构件绘制；相机视图、漫游创建并导出；房间和面积报告；明细表统计；二维图纸的创建与控制等。

第 5 章　方案构思与设计流程

参数化、族、概念体量及其创建流程；体量化、纹理化、构件化的方法和设计流程的对接。

第 6 章　Dynamo 插件的应用 ∗①

基本概念与操作；选择图元；编辑图元；创建图元；分析报告及参数控制。

第 7 章　模型的分析与应用 ∗

采光分析、能耗分析、场地分析、可视化分析与表达（虚拟现实技术）等。

第 8 章　模型设计的协同合作 ∗

链接模型与工作集；协调工作坐标；创建和使用工作集；三位协同设计的特点；协同设计平台的结构；数据共享管理；协同设计的一般方法等。

四、课程实践环节

通过实践环节来加深对 BIM 技术的理解，巩固所学专业理论，为形成相应的设计和应用奠定基础。课程采用边讲边练的方法，利于快速消化吸收并形成技能。

五、课程学时分配

课程学时分配表

序号	教　学　内　容	讲授	练习	小计	课外/综合实训	备注
1	BIM 概论、BIM 工具与相关技术	3		3		基础通识
2	Revit 应用基础、Revit 模型的创建（1～5）	12	6	18		
3	方案构思与设计流程（1～3）	6	3	9		专业应用
4	Dynamo 插件的应用（1～3）∗	6 ∗	3 ∗	9 ∗		
5	模型的分析与应用 ∗	2 ∗	1 ∗	3 ∗		
6	模型设计的协同合作 ∗	4 ∗	2 ∗	6 ∗		
7	实训案例				（16）	综合实训
	合计	33	15	48	（16）	

注：本学时分配以 3 课时为单位，基础必修课程 30 学时，标注"∗"号的为高阶选修课程 18 学时。

---

① ∗ 部分为拓展内容，多学时可选。

六、课程成绩考核

根据对学生学习成绩认定的多样化的原则,该课程以过程考核方式对学生成绩和学习能力进行评价。

期末成绩＝课堂测试 30％＋模型 60％＋平时成绩 10％

七、教材及主要教学参考书目

1. 许蓁. BIM 应用设计[M]. 上海:同济大学出版社,2016.

2. 李建成. BIM 应用总论[M]. 上海:同济大学出版社,2016.

3. 叶雄进,金永超,等. BIM 建模应用技术[M]. 北京:中国建筑工业出版社,2016.

4. 刘文广,牟培超,等. BIM 应用基础[M]. 上海:同济大学出版社,2013.

基础入门篇

第1章 BIM 概论

教学导入

建筑信息模型(Building Information Modeling)是以建筑工程项目的各项相关信息数据作为模型的基础,进行建筑模型的建立,通过数字信息仿真模拟建筑物所具有的真实信息。本章在介绍 BIM 起源、定义的基础上,介绍了 BIM 的特点及主要应用价值,并展望了 BIM 良好的应用前景。

学习要点

- BIM 的基本概念
- BIM 的发展与应用
- BIM 技术相关标准

1.1 BIM 的基本概念

1.1.1 BIM 的来源与定义

1975 年,"BIM 之父"——乔治亚理工大学的 Chunk Eastman(查理·伊斯特曼)教授(见图 1-1)创建了 BIM 理念。至今,BIM 技术的研究经历了三大阶段:萌芽阶段、产生阶段和发展阶段。BIM 理念的启蒙,受到了 1973 年全球石油危机的影响,美国全行业需要考虑提高行业效益的问题,1975 年"BIM 之父"伊斯特曼教授在其研究的课题"Building Description System"中提出"a computer-based description of-a building",以便于实现建筑工程的可视化和量化分析,提高工程建设效率。

图 1-1 Chunk Eastman 教授

当前社会发展正朝集约经济转变,建设行业需要精益建造的时代已经来临。当前,BIM 已成为工程建设行业的一个热点,在政府部门相关政策指引和行业的大力推广下迅速普及。

BIM 是英文"Building Information Modeling"的缩写,国内比较统一的翻译是:建筑信息模型。BIM 是以建筑工程项目的各项相关信息数据作为模型的基础,进行建筑模型的建立,通过数字信息仿真模拟建筑物所具有的真实信息。BIM 在建筑的全生命周期内(见图 1-2),通过参数化建模来进行建筑模型的数字化和信息化管理,从而实现各个专业在设计、建造、运营维护阶段的协同工作。

国际智慧建造组织(building SMART International,简称 bSI)对 BIM 的定义包括以下三个层次:

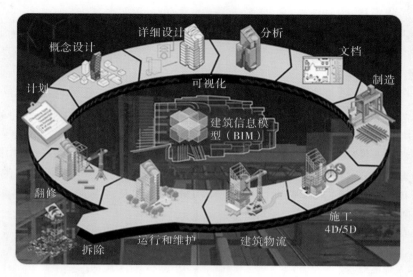

图1-2　建筑全生命周期

（1）第一个层次是"Building Information Model"，中文可称之为"建筑信息模型"，bSI 对这一层次的解释为：建筑信息模型是一个工程项目物理特征和功能特性的数字化表达，可以作为该项目相关信息的共享知识资源，为项目全生命周期内的所有决策提供可靠的信息支持。

（2）第二个层次是"Building Information Modeling"，中文可称之为"建筑信息模型应用"，bSI 对这一层次的解释为：建筑信息模型应用是创建和利用项目数据在其全生命周期内进行设计、施工和运营的业务过程，允许所有项目相关方通过不同技术平台之间的数据互用在同一时间利用相同的信息。

（3）第三个层次是"Building Information Management"，中文可称之为"建筑信息管理"，bSI 对这一层次的解释为：建筑信息管理是指通过使用建筑信息模型内的信息支持项目全生命周期信息共享的业务流程组织和控制过程，建筑信息管理的效益包括集中和可视化沟通、更早进行多方案比较、可持续分析、高效设计、多专业集成、施工现场控制、竣工资料记录等。

不难理解，上述三个层次的含义互相之间是有递进关系的，也就是说，首先要有建筑信息模型，然后才能把模型应用到工程项目建设和运维过程中去，有了前面的模型和模型应用，建筑信息管理才会成为有源之水、有本之木。

1.1.2　BIM 的特点

BIM 具有可视化、协调性、模拟性、优化性和可出图性五大特点。

（1）可视化。可视化即"所见所得"的形式，对于建筑行业来说，可视化的真正运用在建筑业的作用是非常大的，例如经常拿到的施工图纸，只是各个构件的信息在图纸上采用线条的绘制表达，但是其真正的构造形式就需要建筑业参与人员去自行想象了。对于一般简单的东西来说，这种想象也未尝不可，但是近几年建筑业的建筑形式各异，复杂造型在不断推出，那么这种光靠人脑去想象的东西就未免有点不太现实了。所以 BIM 提供了可视化的思路，让人们将以往的线条式的构件形成一种三维的立体实物图形展示在人们的面前。建筑业也有设计方出效果图的事情,但是这种效果图是分包给专业的效果图制作团队进行识读设计制作出的线条式信息,并不是通过构件的信息自动生成的,缺少了同构件之间的互动性和反馈性,然而 BIM 提到的可视化是一种能够同构件之间形成互动性和反馈性的可视,在 BIM 建筑信息模型中,由于整个过程都是可视化的,所以可视化的结果不仅可以用于效果图的展示及报表的生成,更重要的是,项目设计、建造、运营过程中的沟通、讨论、决策都在可视化的状态下进行。

(2)协调性。协调性是建筑业中的重点内容,不管是施工单位还是业主及设计单位,无不在做着协调及相配合的工作。一旦项目在实施过程中遇到了问题,就要将各有关人士组织起来开协调会,找出问题发生的原因及解决办法,然后作出变更,或采取相应补救措施等,从而使问题得到解决。那么这个问题的协调真的就只能在问题出现后再进行协调吗?在设计时,往往由于各专业设计师之间的沟通不到位,而出现各种专业之间的碰撞问题,例如暖通等专业中的管道在进行布置时,由于施工图纸是各自绘制在各自的施工图纸上的,真正施工过程中,可能在布置管线时正好在此处有结构设计的梁等构件在此妨碍着管线的布置,这种问题就是施工中常遇到的。像这样的碰撞问题的协调解决就只能在问题出现之后再进行解决吗?BIM 的协调性服务就可以帮助处理这种问题,也就是说 BIM 可在建筑物建造前期对各专业的碰撞问题进行协调,生成协调数据,提供出来。当然 BIM 的协调作用也并不是只能解决各专业间的碰撞问题,它还可以解决如电梯井布置与其他设计布置及净空要求的协调、防火分区与其他设计布置的协调、地下排水布置与其他设计布置的协调等。

(3)模拟性。模拟性并不是只能模拟设计出建筑物模型,还可以模拟不能够在真实世界中进行操作的事物。在设计阶段,BIM 可以对设计上需要进行模拟的一些东西进行模拟实验,例如:节能模拟、紧急疏散模拟、日照模拟、热能传导模拟等;在招投标和施工阶段可以进行 4D 模拟(三维模型加项目的发展时间),也就是根据施工的组织设计模拟实际施工,从而来确定合理的施工方案来指导施工。同时还可以进行 5D 模拟(基于 3D 模型的造价控制),从而来实现成本控制;后期运营阶段可以模拟日常紧急情况的处理方式,例如地震发生时人员逃生模拟及火警时消防人员疏散模拟等。

(4)优化性。事实上整个设计、施工、运营的过程就是一个不断优化的过程,当然优化和 BIM 也不存在实质性的必然联系,但在 BIM 的基础上可以做更好的优化、更好地做优化。优化受三样东西的制约:信息、复杂程度和时间。没有准确的信息做不出合理的优化结果,BIM 模型提供了建筑物的实际存在的信息,包括几何信息、物理信息、规则信息,还提供了建筑物变化以后的实际状况。复杂程度高到一定程度,参与人员本身的能力无法掌握所有的信息,必须借助一定的科学技术和设备的帮助。现代建筑物的复杂程度大多超过参与人员本身的能力极限,BIM 及与其配套的各种优化工具提供了对复杂项目进行优化的可能。基于 BIM 的优化可以做下面的工作:

①项目方案优化:把项目设计和投资回报分析结合起来,设计变化对投资回报的影响可以实时计算出来;这样业主对设计方案的选择就不会主要停留在对形状的评价上,而更多的可以使得业主知道哪种项目设计方案更有利于自身的需求。

②特殊项目的设计优化:例如裙楼、幕墙、屋顶、大空间到处可以看到异型设计,这些内容看起来占整个建筑的比例不大,但是占投资和工作量的比例和前者相比却往往要大得多,而且通常也是施工难度比较大和施工问题比较多的地方,对这些内容的设计施工方案进行

优化,可以带来显著的工期和造价改进。

(5)可出图性。运用 BIM 技术,可以进行建筑各专业平、立、剖、详图及一些构件加工的图纸输出。但 BIM 并不是为了出大家日常多见的设计院所出的这些设计图纸,而是通过对建筑物进行可视化展示、协调、模拟、优化以后,可以帮助建设方出如下图纸:综合管线图(经过碰撞检查和设计修改,消除了相应错误以后);综合结构留洞图(预埋套管图);碰撞检查侦错报告和建议改进方案。

1.1.3　BIM 技术的优势

BIM 所追求的是根据业主的需求,在建筑全生命周期之内,以最少的成本、最有效的方式得到性能最好的建筑。因此,在成本管理、进度控制及建筑质量优化方面,相比于传统建筑工程方式,BIM 技术有着非常明显的优势。

1. 成本

美国麦格劳—希尔建筑信息公司(McGraw-Hill Construction)指出,2013 年最有代表性的国家中,约有 75% 的承建商表示他们对 BIM 项目投资有正面回报率。可以说 BIM 对建筑行业带来的最直接的利益就是成本的减少。

不同于传统工程项目,BIM 项目需要项目各参与方从设计阶段开始紧密合作,并通过多方位的检查及性能模拟不断改善并优化建筑设计。同时,由于 BIM 本身具有的信息互联特性,可以在改善设计过程中确保数据的完整性与准确性。因此,可以大大减少施工阶段因图纸错误而需要设计变更的问题。47% 的 BIM 团队认为施工阶段图纸错误与遗漏的减少是最直接影响高投资回报的原因。

此外,BIM 技术对造价管理方面有着先天性优势。众所周知,价格是随经济市场的变动而变化的,价格的真实性取决于对市场信息的掌握。而 BIM 可以通过与互联网的连接,再根据模型所具有的几何特性,实时计算出工程造价。同时,由于所有计算都是由计算机自动完成,可以避免手动计算时所带来的失误。因此,项目参与方所获得的预算量非常贴近实际工程,控制成本更为方便。

对于全生命周期费用,因为 BIM 项目大部分决策是在项目前期由各方共同进行的,前期所需费用会比传统建筑工程有所增加。但是,在项目经过某一临界点之后,前期所做的努力会给整个项目带来巨大的利益,并且将持续到最后。

2. 进度

传统进度管理主要依靠人工操作来完成,项目参与方向进度管理人员提供、索取相关数据,并由进度管理员负责更新并发布后续信息。这种管理方式缺乏及时性与准确性,对于工期影响较大。

对于 BIM 项目,由于各参与方是在同一平台,利用同一模型完成项目,因此可以非常迅速地查询到项目进度,并制定后续工作。特别是在施工阶段,施工方可以通过 BIM 对施工进度进行模拟,以此优化施工组织方案,从而减少施工误差和返工,缩短施工工期。

3. 质量

建筑物的质量可以说是一切目标的前提,不能因为赶进度而忽视。建筑质量的保障不仅可以给业主及使用者带来舒适环境,还可以大幅降低运营费用、提高建筑使用效率,最终贡献于可持续发展。BIM 的信息化与协调化都是以最终建筑的高质量为首要目标,即通过最优化的设计、施工及运营方案展现出与设计理念相同的实际建筑。

设计阶段,设计师与工程师可通过 BIM 进行建筑仿真模拟,并根据结果提高建筑物性能。施工阶段的施工组织模拟,可以为施工方在实际施工前提出注意点,以防止出现缺陷。

当然,建得再好的建筑物,如果没有后期维护将很难保持其初期质量。运维阶段,通过 BIM 与物联网的合作,可以实时监控建筑物运行状态,以此为依据在最短时间内定位故障位置并进行维修。

4. 安全

BIM 与安全的结合使得项目安全管控上升一个新高度。在重大项目方案编制阶段已经运用 BIM 技术进行模拟施工,可以直观地了解到重大危险源的具体施工时间、进度、施工方式以及存在的安全隐患,有针对性地制定安全预防控制措施,确保重大危险源施工安全。同时在日常安全管理中,应用 BIM 模型可以全面地排查现场四口五临边的位置及大小,对照模型检查现场防止缺漏保障防护安全。同时依据 BIM 中的施工时间可以及时安排防护设备的进场和搭设等,确保防护及时到位。

5. 环保

BIM 在实现绿色设计、可持续设计方面有着天然的技术优势,BIM 可用于分析包括影响绿色条件的采光、能源效率和可持续性材料等建筑性能的方方面面;可分析、实现最低的能耗,并借助通风、采光、气流组织以及视觉对人心理感受的控制等,实现节能环保;采用 BIM 理念,还可在项目方案完成的同时计算日照、模拟风环境,为建筑设计的"绿色探索"注入高科技力量。

1.2 BIM 的发展与应用

1.2.1 AEC 行业的发展历程

AEC 为"Architecture Engineering and Construction"的缩略词,即建筑、工程与施工。从人类开始建造房屋起到现在,随着技术发展与管理需求,AEC 行业迎来了多次翻天覆地的变化。与根据时代背景而频繁出现不同建筑思想与建筑技术相反,建筑流程只有过三种不同形式。

在古代社会,建筑设计与施工的分化并不像现在如此明确,两项均由一名建筑师或工匠所负责。建筑师会根据自己所在地区自然条件与生活习惯等进行设计与施工。即便项目非常复杂,建筑相关所有信息均出自建筑师一人的头脑。因科技水平的限制,建筑师或工匠较少采用设计图纸,大多数情况下设计与施工是在现场同步实施的。

第一次重要变化出现在文艺复兴时期。这期间设计与施工逐渐分离,建筑师脱离现场手工制作,专门从事建筑艺术创作,而后期施工则由专门工匠负责。在这个分离过程中,建筑过程及建筑工具都发生了根本性改变。建筑师需要把自己的设计概念完整地灌输到工匠脑中,因此设计图纸变得尤为重要,并且成为了最重要的施工依据。同时随着造纸技术的发展,图纸在整个建筑业运用的非常频繁。而这也衍生出了除设计与施工以外的交付过程。之后随着科技的发展,建筑运用了大量的机电设备,同时也分化出多个专业,如暖通、给排水、电气等。可是对于建筑过程的变化则少之又少。这时还是以手绘图纸为基础,设计师进行设计并交到施工方手中进行施工。

直到 1980 年以后,个人计算机的普及对 AEC 行业带来了又一波巨大的冲击,其主要以

CAD(Computer Aided Design,计算机辅助设计)为主。第一台电子计算机早在1946年就被制造成功,而CAD也诞生于20世纪60年代。可是由于当时硬件设施昂贵,只有一些从事汽车、航空等领域的公司自行开发使用。之后随着计算机价格的降低,CAD得以迅速发展,AEC行业也开始经历信息化浪潮。计算机代替手工作业带来的不仅是设计工具的升级,细节与效率上的提升同样非常显著。比如利用CAD修改设计不再容易出现错误,对图作业也不需要传统对图方式,传递设计文件更加方便。虽然此次改变对建筑工具带来根本性改变,可是对于整个建筑过程,与之前形式相差无几。建筑师设计方案敲定之后由多专业工程师依次进行后续设计,最后交付到施工团队。由于各团队间协调配合工作不够完善,在后期施工期间,依然有大量问题出现。

在这种背景下,随着项目复杂度的提升,对于整个工程项目全程协调与管理的重要性也同样逐渐提高。1975年,查理·伊斯特曼博士在《AIA杂志》上发表一个叫建筑描述系统(Building Description System)的工作原型,被认为是最早提及BIM概念的一份文献。在随后的30年时间中,BIM概念一再被提起并由许多专家进行研究,但由于技术所限还是只停留于概念与方法论研究层面上。直到21世纪初,在计算机与IT技术长足发展的前提下,应AEC市场需求,欧特克(Autodesk)在2002年将"Building Information Modeling"这个术语展现到世人面前并推广。而BIM的出现,也正逐渐带来第三次建筑流程改变。

1.2.2 BIM在国外的发展路径与相关政策

1. 美国

美国作为最早启动BIM研究的国家之一,其技术与应用都走在世界前列。与世界其他国家相比,美国从政府到公立大学,不同级别的国营机关都在积极推动BIM的应用并制定了各自目标及计划。

早在2003年,美国总务管理局(General Services Administration,GSA)通过其下属的公共建筑服务部(Public Building Service,PBS)设计管理处(Office of Chief Architect,OCA)创立并推进3D-4D-BIM计划,致力于将此计划提升为美国BIM应用政策。从创立到现在,GSA在美国各地已经协助200个以上项目实施BIM,项目总费用高达120亿美元。以下为3D-4D-BIM计划具体细节:

①制订3D-4D-BIM计划;

②向实施3D-4D-BIM计划的项目提供专家支持与评价;

③制定对使用3D-4D-BIM计划的项目补贴政策;

④开发对应3D-4D-BIM计划的招标语言(供GSA内部使用);

⑤与BIM公司、BIM协会、开放性标准团体及学术/研究机关合作;

⑥制定美国总务管理局BIM工具包;

⑦制作BIM门户网站与BIM论坛。

2006年,美国陆军工程师兵团(United States Army Corps of Engineers,USACE)发布为期15年的BIM发展规划(A Road Map for Implementation to Support MILCON Transformation and Civil Works Projects within the United States Army Corps of Engineers),声明在BIM领域成为一个领导者,并制定六项BIM应用的具体目标。之后在2012年,声明对USACE所承担的军用建筑项目强制使用BIM。此外,他们向一所开发CAD与BIM技术的研究中心提供资金帮助,并在美国国防部(United States Department of Defense,DoD)内部

进行 BIM 培训。同时美国退伍军人部也发表声明称,从 2009 年开始,其所承担的所有新建与改造项目全部将采用 BIM。

美国建筑科学研究所(National Institute of Building Sciences,NIBS)建立 NBIMS - USTM 项目委员会,以开发国家 BIM 标准,并研究大学课程添加 BIM 的可行性。2014 年初,NIBS 在新成立的建筑科学在线教育上发布了第一个 BIM 课程,取名为 COBie 简介(The Introduction to COBie)。

除上述国家政府机构以外,各州政府机构与国立大学也相继建立 BIM 应用计划。例如,2009 年 7 月,威斯康星州对设计公司要求 500 万美元以上的项目与 250 万美元以上的新建项目一律使用 BIM。

2. 英国

英国是由政府主导,与英国政府建设局(UK Government Construction Client Group)在 2011 年 3 月共同发布推行 BIM 战略报告书(Building Information Modeling Working Party Strategy Paper),同时在 2011 年 5 月由英国内阁办公室发布的政府建设战略(Government Construction Strategy)中正式包含 BIM 的推行。此政策分为 Push 与 Pull,由建筑业(Industry Push)与政府(Client Pull)为主导发展。

Push 的主要内容为:由建筑业主导建立 BIM 文化、技术与流程;通过实际项目建立 BIM 数据库;加大 BIM 培训机会。

Pull 的主要内容为:政府站在客户的立场,为使用 BIM 的业主及项目提供资金上的补助;当项目使用 BIM 时,鼓励将重点放在收集可以持续沿用的 BIM 情报,以促进 BIM 的推行。

英国政府表明从 2011 年开始,对所有公共建筑项目强制性使用 BIM。同时为了实现上述目标,英国政府专门成立 BIM 任务小组(BIM Task Group)主导一系列 BIM 简介会,并且为了提供 BIM 培训项目初期情报,发布 BIM 学习构架。2013 年末,BIM 任务小组发布一份关于 COBie 要求的报告,以处理基础设施项目信息交换问题。

3. 芬兰

对于 BIM 的采用,全世界没有其他国家可以赶得上芬兰。作为芬兰财务部(The Finnish Ministry of Finance)旗下最大的国有企业,国有地产服务公司(Senate Properties)早在 2007 年就要求在自己的项目中使用 IFC/BIM。

4. 挪威

挪威政府在 2010 年发布声明将致力发展 BIM。随后众多公共机关开始着手实施 BIM。例如,挪威国防产业部(The Norwegian Defense Estates Agency)开始实施三个 BIM 试点项目。作为公共管理公司和挪威政府主要顾问,Statsbygg 要求所有新建建筑使用可以兼容 IFC 标准的 BIM。为了推广 BIM 的采用,Statsbygg 主要对建筑效率、室内导航、基于地理的模拟与能耗计算等 BIM 应用展开研发项目。

5. 丹麦

丹麦政府为了向政府项目提供 BIM 情报通信技术,在 2007 年着手实施数字化建设项目(the Digital Construction Project)。通过此项目开发出的 BIM 要求事项在随后由政府客户,如皇家地产公司(the Palaces & Properties Agency)、国防建设服务公司(the Defense Construction Service),相继使用。

6. 瑞典

虽然 BIM 在瑞典国内建筑业已被采用多年,可是瑞典政府直到 2013 年才由瑞典交通部(Swedish Transportation Administration)发表声明使用 BIM 之后开始推行。瑞典交通部同时声明从 2015 年开始,对所有投资项目强制使用 BIM。

7. 澳大利亚

2012 年澳大利亚政府通过发布国家 BIM 行动方案(National BIM Initiative)报告制定多项 BIM 应用目标。这份报告由澳大利亚 building SMART 协会主导并由建筑环境创新委员会(Built Environment Industry Innovation Council,BEIIC)授权发布。此方案主要提出如下观点:2016 年 7 月 1 日起,所有的政府采购项目强制性使用全三维协同 BIM 技术;鼓励澳大利亚州及地区政府采用全三维协同 Open BIM 技术;实施国家 BIM 行动方案。

澳大利亚本地建筑业协会同样积极参与 BIM 推广。例如,机电承包协会(Air Conditioning & Mechanical Contractors' Association,AMCA)发布 BIM - MEP 行动方案,促进推广澳大利亚建筑设备领域应用 BIM 与整合式项目交付(Integrated Project Delivery,IPD)技术。

8. 新加坡

早在 1995 年,新加坡启动房地产建造网络(Construction Real Estate NETwork,CORENET)以推广及要求 AEC 行业 IT 与 BIM 的应用。之后,建设局(Building and Construction Authority,BCA)等新加坡政府机构开始使用以 BIM 与 IFC 为基础的网络提交系统(e-submission system)。在 2010 年,新加坡建设局发布 BIM 发展策略,要求在 2015 年建筑面积大于五千平方米的新建建筑项目中,BIM 和网络提交系统使用率达到 80%。同时,新加坡政府希望在后 10 年内,利用 BIM 技术为建筑业的生产力带来 25% 的性能提升。2010 年,新加坡建设局建立建设 IT 中心(Center for Construction IT,CCIT)以帮助顾问及建设公司开始使用 BIM,并在 2011 年开发多个试点项目。同时,建设局建立 BIM 基金以鼓励更多的公司将 BIM 应用到实际项目上,并多次在全球或全国范围内举办 BIM 竞赛大会以鼓励 BIM 创新。

9. 日本

2010 年,日本国土交通省声明对政府新建与改造项目的 BIM 试点计划,此为日本政府首次公布采用 BIM 技术。

除开日本政府机构,一些行业协会也开始将注意力放到 BIM 应用。2010 年,日本建设业联合会(Japan Federation of Construction Contractors,JFCC)在其建筑施工委员会(Building Construction Committee)旗下建立了 BIM 专业组,通过标准化 BIM 的规范与使用方法提高施工阶段 BIM 所带来的利益。

10. 韩国

2012 年 1 月,韩国国土海洋部(Korean Ministry of Land,Transport & Maritime Affairs,MLTM)发布 BIM 应用发展策略,表明 2012 年到 2015 年间对重要项目实施四维 BIM 应用并从 2016 年起对所有公共建筑项目使用 BIM。另一个国家机构韩国公共采购服务中心(Public Procurement Service,PPS)在 2011 年发布 BIM 计划,并计划在 2013 年到 2015 年间对总承包费用大于 5000 万美元的项目使用 BIM,并从 2016 年起对所有政府项目强制性应用 BIM 技术。

在韩国,以国土海洋部为首的许多政府机构参与 BIM 研发项目。从 2009 年起,国土海洋部就持续向多个研发项目进行资金补助,包括名为 SEUMTER 的建筑许可系统以及一些基于 Open BIM 的研发项目,如超高层建筑项目的 Open BIM 信息环境技术(Open BIM Information Environment Technology for the Super-tall Buildings Project)、建立可提高设计生产力的基于 Open BIM 的建筑设计环境(Establishment of Open BIM based Building Design Environment for Improving Design Productivity)。同样,韩国公共采购服务中心在2011 年对造价管理咨询(Cost Management Consulting)研发项目提供资金支持。

1.2.3 BIM 在国内的发展路径与相关政策

2011 年,中华人民共和国住房城乡建设部发布《2011—2015 年建筑业信息化发展纲要》,声明在"十二五"期间,基本实现建筑企业信息系统的普及应用,加快建筑信息模型、基于网络的协同工作等新技术在工程中的应用,推动信息化标准建设,促进具有自主知识产权软件的产业化,形成一批信息技术应用达到国际先进水平的建筑企业。这一年被业界普遍认为是中国的 BIM 元年。

2016 年,中华人民共和国住房城乡建设部发布《2016—2020 年建筑业信息化发展纲要》,声明全面提高建筑业信息化水平,着力增强 BIM、大数据、智能化、移动通信、云计算、物联网等信息技术集成应用能力,建筑业数字化、网络化、智能化取得突破性进展,初步建成一体化行业监管和服务平台,数据资源利用水平和信息服务能力明显提升,形成一批具有较强信息技术创新能力和信息化应用达到国际先进水平的建筑企业及具有关键自主知识产权的建筑业信息技术企业。

此外,中华人民共和国住房城乡建设部在 2013 年到 2016 年期间,先后发布若干 BIM 相关指导意见:

①2016 年以前政府投资的 2 万平方米以上大型公共建筑以及省报绿色建筑项目的设计、施工采用 BIM 技术。

②截至 2020 年,完善 BIM 技术应用标准、实施指南,形成 BIM 技术应用标准和政策体系;在有关奖项,如全国优秀工程勘察设计奖、鲁班奖(国际优质工程奖)及各行业、各地区勘察设计奖和工程质量最高的评审中,设计应用 BIM 技术的条件。

③推进建筑信息模型(BIM)等信息技术在工程设计、施工和运行维护全过程的应用,提高综合效益,推广建筑工程减隔震技术,探索开展白图代替蓝图、数字化审图等工作。

④到 2020 年末,建筑行业甲级勘察、设计单位以及特级、一级房屋建筑工程施工企业应掌握并实现 BIM 与企业管理系统和其他信息技术的一体化集成应用。

⑤到 2020 年末,以下新立项项目勘察设计、施工、运营维护中,集成应用 BIM 的项目比率达到 90%:以国有资金投资为主的大中型建筑;申报绿色建筑的公共建筑和绿色生态示范小区。

同时,随着 BIM 发展进步,各地方政府按照国家规划指导意见也陆续发布地方 BIM 相关政策,鼓励当地工程建设企业全面学习并使用 BIM 技术,促进企业、行业转型升级,以适应社会发展的需要。

1.2.4 BIM 的应用

BIM 发展至今,已经从单点和局部的应用发展到集成应用,同时也从阶段性应用发展到了项目全生命周期应用。

1. 规划阶段 BIM 应用

（1）模拟复杂场地分析。随着城市建筑用地的日益紧张，城市周边山体用地将日益成为今后建筑项目、旅游项目等开发的主要资源，而山体地形的复杂性，又势必给开发商们带来选址难、规划难、设计难、施工难等问题。但如能通过计算机，直观地再现及分析地形的三维数据，则将节省大量时间和费用。借助 BIM 技术，通过原始地形等高线数据，建立起三维地形模型，并加以高程分析、坡度分析、放坡填挖方处理，从而为后续规划设计工作奠定基础。比如，通过软件分析得到地形的坡度数据，以不同跨度分析地形每一处的坡度，并以不同颜色区分，则可直观看出哪些地方比较平坦，哪些地方陡峭。进而为开发选址提供有力依据，也避免过度填挖土方，造成无端浪费。

（2）进行可视化能耗分析。从 BIM 技术层面而言，可进行日照模拟、二氧化碳排放计算、自然通风和混合系统情境仿真、环境流体力学情境模拟等多项测试比对，也可将规划建设的建筑物置于现有建筑环境当中，进行分析论证，讨论在新建筑增加情况下各项环境指标的变化，从而在众多方案中优选出更节能、更绿色、更生态、更适合人居的最佳方案。

（3）进行前期规划方案比选与优化。通过 BIM 三维可视化分析，也可对于运营、交通、消防等其他各方面规划方案，进行比选、论证，从中选择最佳结果。亦即，利用直观的 BIM 三维参数模型，让业主、设计方（甚至施工方）尽早地参与项目讨论与决策，这将大大提高沟通效率，减少不同人因对图纸理解不同而造成的信息损失及沟通成本。

2. 设计阶段 BIM 应用

从 BIM 的发展可以看到，BIM 最开始的应用就是在设计阶段，然后再扩展到建筑工程的其他阶段。BIM 在方案设计、初步设计、施工图设计的各个阶段均有广泛的应用，尤其是在施工图设计阶段的冲突检测及三维管线综合以及施工图出图方面。

（1）可视化功能有效支持设计方案比选。在方案设计和初步分析阶段，利用具有三维可视化功能的 BIM 设计软件，一方面设计师可以快速通过三维几何模型的方式直接表达设计灵感，直接就外观、功能、性能等多方面进行讨论，形成多个设计方案，进行一一比选，最终确定出最优方案。另一方面，在业主进行方案确认时，协助业主针对一些设计构想、设计亮点、复杂节点等通过三维可视化手段予以直观表达或展现，以便了解技术的可行性、建成的效果，以及便于专业之间的沟通协调，及时作出方案的调整。

（2）可分析性功能有效支持设计分析和模拟。确定项目的初步设计方案后，需要进行详细的建筑性能分析和模拟，再根据分析结果进行设计调整。BIM 三维设计软件可以导出多种格式的文件与基于 BIM 技术的分析软件和模拟软件无缝对接，进行建筑性能分析。这类分析与模拟软件包括日照分析、光污染分析、噪声分析、温度分析、安全疏散模拟、垂直交通模拟等，能够对设计方案进行全性能的分析，只要简单地输入 BIM 模型，就可以提供数字化的可视分析图，对提高设计质量有很大的帮助。

（3）集成管理平台有效支持施工图的优化。BIM 技术将传统的二维设计图纸转变为三维模型并整合集成到同一个操作平台中，在该平台通过链接或者复制功能融合所有专业模型，直观地暴露各专业图纸本身问题以及相互之间的碰撞问题。使用局部三维视图、剖面视图等功能进行修改调整，提高了各专业设计师及负责人之间的沟通效率，在深化设计阶段解决大量设计不合理问题、管线碰撞问题，空间得到最优化，最大限度地提高施工图纸的质量，减少后期图纸变更数量。

（4）参数化协同功能有效支持施工图的绘制。在设计出图阶段，方案的反复修改时常发生，某一专业的设计方案发生修改，其他专业也必须考虑协调问题。基于 BIM 的设计平台所有的视图中（剖面图、三维轴测图、平面图、立面图）构件和标注都是相互关联的，设计过程中只要在某一视图进行修改，其他视图构件和标注也会跟着修改，如图 1-3 所示。不仅如此，施工图纸在 BIM 模型中也是自动生成的，这让设计人员对图纸的绘制、修改的时间大大减少。

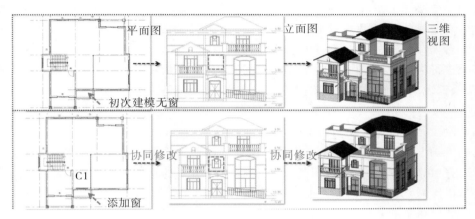

图 1-3　一处修改处处更新（关联修正）

3. 施工阶段 BIM 应用

施工阶段是项目由虚到实的过程，在此阶段施工单位关注的是在满足项目质量的前提下，运用高效的施工管理手段，对项目目标进行精确的把控，确保工程按时保质保量完成。而 BIM 在进度控制与管理、工程量的精确统计等方面均能发挥巨大的作用。

（1）BIM 为进度管理与控制提供可视化解决方法。施工计划的编制是一个动态且复杂的过程，通过将 BIM 模型与施工进度计划相关联，可以形成 BIM 4D 模型，通过在 4D 模型中输入实际进度，则可实现进度实际值与计划值的比较，提前预警可能出现的进度拖延情况，实现真正意义上的施工进度动态管理。不仅如此，在资源管理方面，以工期为媒介，可快速查看施工期间劳动力、材料的供应情况、机械运转负荷情况，提早预防资源用量高峰和资源滞留的情况发生，做到及时把控，及时调整，及时预案，从而防止出现进度拖延。

（2）BIM 为施工质量控制和管理提供技术支持。工程项目施工中对复杂节点和关键工序的控制是保证施工质量的关键，4D 模拟不但可以模拟整个项目的施工进度，还可以对复杂技术方案的施工过程和关键工艺及工序进行模拟，实现施工方案可视化交底，避免由语言文字和二维图纸交底引起的理解分歧和信息错漏等问题，提高建筑信息的交流层次并且使各参与方之间沟通方便，为施工过程各环节的质量控制提供新的技术支持。另外，通过 BIM 与物联网技术可以实现对整个施工现场的动态跟踪和数据采集，在施工过程中对物料进行全过程的跟踪管理，记录构件与设备施工的实时状态与质量检测情况，管理人员及时对质量情况进行分析和处理，BIM 为大型建设项目的质量管理开创新途径和新方法提供了有力的支持。

（3）BIM 为施工成本控制提供有效数据。对施工单位而言，具体工程实量、具体材料用量是工程预算、材料采购、下料控制、计量支付和工程结算的依据,是涉及项目成本控制的重要数据。BIM模型中构件的信息是可运算的,且每个构件具有独特的编码,通过计算机可自动识别、统计构件数量,再结合实体扣减规则,实现工程实量的计算。在施工过程中结合BIM资源管理软件,从不同时间段、不同楼层、不同分部分项工程,对工程实量进行计算和统计,根据这些数据从材料采购、下料控制、计量支付和工程结算等不同的角度对施工项目的成本进行跟踪把控,使建筑施工的成本得到有效控制。

(4)BIM为协同管理工作提供平台服务。施工过程中,不同参与方、不同专业、不同部门岗位之间需要协同工作,以保证沟通顺畅,信息传达正确,行为协调一致,避免事后扯皮和返工是非常有必要的。利用BIM模型可视化、参数化、关联化等特性,将模型信息集成到同一个软件平台,实现信息共享。施工各参与方均在BIM基础上搭建协同工作平台,以BIM模型为基础进行沟通协调,在图纸会审方面,能在施工前期解决图纸问题;在施工现场管理方面,实时跟踪现场情况;在施工组织协调方面,提高各专业间的配合度,合理组织工作。

4. 运维阶段BIM应用

运营阶段是项目投入使用的阶段,在建筑生命周期中持续时间最长。在运营阶段中,设施运营和维护方面耗费的成本不容小觑。BIM能够提供关于建筑项目协调一致和可计算的信息,该信息可以共享和重复使用。通过建立基于BIM的运维管理系统,业主和运营商可大大降低由于缺乏操作性而导致的成本损失。目前BIM在设施维护中的应用主要在设备运行管理和建筑空间管理两方面。

(1)建筑设备智能化管理。利用基于BIM的运维管理系统,能够实现在模型中快速查找设备相关信息,例如:生产厂商、使用期限、责任人联系方式、使用说明等信息,通过对设备周期的预警管理,可以有效防止事故的发生,利用终端设备、二维码和RFID技术,迅速对发生故障设备进行检修,如图1-4所示。

图1-4 设备运维系统

（2）建筑空间智能化管理。对于大型商业地产项目而言，业主可以通过 BIM 模型直观地查看每个建筑空间上的租户信息，如租户的名称、建筑面积、租金情况，还可以实现租户各种信息的提醒功能。同时还可以根据租户信息的变化，随时进行数据的调整和更新。

1.3　BIM 技术相关标准

1.3.1　BIM 标准概述

BIM 作为一个建筑工程领域全新的概念，目前被多数国家采用并推广，而各国政府在 BIM 的采用与推广过程中起到了主导性作用。各国政府先后建立 BIM 研究机构或者与其他公共机构合作，制定符合各国需求的国家 BIM 标准指南，并随着研发进度相继优化更新已出的条款。同时，各国大学与地方政府在政府大力支持下，各自研究推广地区 BIM 标准。

1.3.2　国外 BIM 标准

1. 美国

到 2015 年为止，美国各公共机构前后发布 47 份 BIM 标准与指南，其中 17 份来自政府机构，30 份来自非营利机构。其中大部分标准都包含项目实施计划（Project Execution Plan）、建模方法论（Modeling Methodology）与构件表达方式及数据组织（Component Presentation Style and Data Organization）。而最大的差异来自于细节程度（Level of Details），大约有一半的标准并未提供模型在各阶段所需要的精度指标。

47 份 BIM 标准与指南中有 24 份是由国家级组织机构主导发布。

GSA 为了支持 3D-4D-BIM 计划推广，先后发布 8 本 BIM 指南系列。分别为：

①第一册：3D-4D-BIM 简介（3D-4D-BIM Overview）。介绍 BIM 技术，尤其是 GSA 的 3D-4D-BIM 如何运用在建筑工程项目中，主要对象是 BIM 入门用户。

②第二册：检验空间规划（Spatial Program Validation）。介绍 BIM 如何用于设计并检验复核 GSA 要求的空间规划。

③第三册：三维激光扫描（3D Laser Scanning）。为三维成像与评价标准提供指南。

④第四册：四维工程计划（4D Phasing）。定义四维工程计划范围，并提供技术指南。

⑤第五册：能源效率（Energy Performance）。介绍项目各阶段能耗模拟重要性及模拟流程。

⑥第六册：人流与保安验证（Circulation and Security Validation）。介绍 BIM 如何用于设计决策，以保障满足相应要求。

⑦第七册：建筑因素（Building Element）。介绍不同构架的建筑信息，并为信息的建立、修改与维护提供指导意见。

⑧第八册：设施管理（Facility Management）。为设施管理提供 BIM 应用指南，并规定 BIM 模型需满足的最低技术要求。

美国建筑科学研究院在 2007 年与 2012 年相继发布美国 BIM 标准（National Building Information Modeling Standard）第一版与第二版，而在 2015 年末，发布此标准第三版。第三版包含从规划到设计、施工及运营的建筑全生命周期中的 BIM 标准。

美国建筑师协会（American Institute of Architects，AIA）在 2008 年发布《E202TM—2008 建筑信息模型展示协议》（E202TM-2008 Building Information Modeling Protocol Exhibit），制定五类开发等级（Levels of Development）与相应 BIM 应用要求。

2. 英国

为了实现英国政府 2016 年开始在政府项目中全面使用 BIM 的目标，建设委员会（Construction Industry Council，CIC）与 BIM 任务小组合作推出多项 BIM 标准。在 BIM 任务小组的主导与技术支持下，建设委员会在 2013 年发布两项 BIM 标准：BIM 协议（BIM Protocol V1）与使用 BIM 过程中专业赔偿保险实践指南（Best Practice Guide for Professional Indemnity Insurance When Using BIMs V1）。前者确定项目团队在所有建设合同中所需达到的 BIM 要求，后者对 BIM 项目中所能遇到的专业赔偿保险的主要风险进行了概述。

同时，许多英国本地非营利机构，如英国标准机构（British Standards Institution，BSI）与 AEC - UK 委员会（the AEC - UK Committee），也发布了各自 BIM 标准。英国标准机构 B/555 委员会（BSI B/555 Committee）从 2007 年起，为建筑业全生命周期信息的数字化定义与交换出台多项标准。例如，PAS 1192 - 2：2013 说明信息管理流程以支持交付阶段的二等级 BIM（BIM Level 2）；PAS 1192 - 3：2014 则将重点放在运营阶段中的资产。AEC - UK 委员会在 2009 年与 2012 年先后发布首版 BIM 标准（BIM Standard）与第二版 BIM 协议（BIM Protocol Version 2.0）。从 2012 年开始，AEC - UK 委员会将 BIM 协议扩展到各软件平台，包括 Autodesk Revit、Bentley AECOsim Building Designer 与 Grphisoft ArchiCAD。

3. 芬兰

芬兰国有地产服务公司在建设公司、咨询公司等多家企业的协助支持下，在 2012 年发布全新 BIM 指南（The Common BIM Requirements 2012 V1.0）。这本指南包含由多家经验丰富的企业与组织提供的 13 个要求事项，因此其实用性非常高。同年芬兰混凝土协会发表制作混凝土结构物的 BIM 指南。

4. 挪威

到 2013 年为止，挪威政府与非营利机构共发布 6 项 BIM 标准。为了准确说明兼容 IFC 标准的 BIM，Statsbygg 在 2008 年到 2013 年先后发布四个版本的 BIM 标准（Statsbygg Building Information Modeling Manual）。作为政府主导开发的标准，挪威政府项目将强制性应用该标准，同时它还适用于挪威所有建筑工程项目。挪威住建协会（Norwegian Home Builders' Association）也在 2011 年与 2012 年发布第一版与第二版的 BIM 标准，主要对常用软件工具进行了介绍，并对能耗模拟、造价计算、通风与屋架等四个部分进行了详细的说明。

5. 丹麦

2007 年，国家企业建设局（the National Agency for Enterprise and Construction）发布四种 3D CAD/BIM 应用指南，分别为 3D CAD Manual 2006、3D Working Method 2006、3D CAD Project Agreement 2006 与 Layer and Object Structure 2006。

6. 瑞典

瑞典非营利机构瑞典标准协会（Swedish Standards Institute，SSI）在 2009 年发布施工与设施管理的数字化交付（Digital Deliverables for Construction and Facilities Management）。由于此标准仅为管理指南，缺乏具体方法与案例，因此 2009 年 OpenBIM 机构（OpenBIM Organization）在瑞典成立并建立当地 BIM 标准。

7. 澳大利亚

2009 年,澳大利亚合作研究中心(Cooperative Research Centre,CRC)建筑创新部发布国家信息模型指南(National Guidelines for Digital Modeling)以推广 BIM 技术在本国建筑与施工行业的应用。指南对模型的建造、开发、模拟及性能评测进行了详细的讲解。2011 年,由澳大利亚政府资助的非营利机构,建筑信息系统公司(Construction Information Systems Limited)发布 BIM 指南,并取名为 NATSPEC 国家 BIM 指南(NATSPEC National BIM Guide),指南包含 BIM 优势、建模方法论、展现方式与交付要求。一年之后,该机构再次发布一个辅助文档"BIM 项目管理计划模板"(Project BIM Management Plan Template)。

8. 新加坡

作为全球发展 BIM 最前卫的国家之一,新加坡已出台 12 项 BIM 标准。大部分标准都对建模方法论与构件表达方式及数据组织进行了详细的解释,可是有一部分标准并未提起项目规划实施计划与细节程度。唯有建设部发布的 BIM 指南(BIM Guide)含有上述四个因素。

9. 日本

相比于其他发达国家,日本在 BIM 标准开发进度上相对较慢。直到 2012 年,日本建筑师协会(Japan Institute of Architects,JIA)发布 BIM 标准指南,此标准对建筑师提供了 BIM 的流程化与交付要求。

10. 韩国

到目前为止,韩国国土海洋部、韩国公共采购服务中心、韩国建设交通技术评价机构及韩国建设技术研究院先后发布 6 个 BIM 标准。

2009 年,韩国建筑 BIM 标准(National Architectural BIM Guide)项目在国土海洋部出资主导下,由韩国 buildingSMART 协会与庆熙大学(Kyung Hee University)合作开发。此标准含三个指南:BIM 工作指南、技术指南与管理指南。

韩国公共采购服务中心从 2010 年开始也主持建立 BIM 指南,由韩国 buildingSMART 协会、庆熙大学及熙林建筑事务所(Heerim Architecture)共同开发,已推出建筑 BIM 指南(PPS Guideline V1:Architectural BIM Guide)与基于 BIM 的造价管理指南(PPS Guideline V2:BIM based Cost Management Guide)。

1.3.3 国内 BIM 标准

1. 国家级

中华人民共和国住房城乡建设部在 2011 年声明"十二五"期间大力发展 BIM 之后不久,在 2012 年批准了 5 个关于建筑工程的 BIM 国家标准编制。5 个标准为:《建筑工程信息模型应用统一标准》《建筑工程信息模型储存标准》《建筑工程信息模型分类和编码标准》《建筑工程设计信息模型交付标准》《建筑工程施工信息模型应用标准》。其中《建筑工程模型应用统一标准》(GB/T 51212—2016)正式发布,自 2017 年 7 月 1 日起实施。

2. 行业级

为规范建筑工程设计信息模型的表达方式,协调建筑工程各参与方识别建筑工程设计信息,2014 年成立了《建筑工程设计信息模型制图标准》编委会,经历了两年的行业探索与研究,在 2016 年编委会决定将《制图标准》更名为《表达标准》,贴近模型实际,更适用于建筑工程设计和建造过程中建筑工程设计信息模型的建立、传递和使用,各专业之间的协同,工程设计各参与方的协作等过程。建筑装饰行业工程建设标准已制定并颁布,《建筑装饰装修工程 BIM 实施标准》(T/CBDA－3—2016)自 2016 年 12 月 1 日起实施。

3. 地方级

各直辖市与各省政府陆续推出地方 BIM 标准供建筑工程单位使用。

(1)北京市:2014 年由北京市质量技术监督局与北京市规划委员会共同发布《民用建筑信息模型设计标准》,此标准涉及 BIM 的资源要求、模型深度要求、交付要求等 BIM 应用过程中所需的基本内容。

(2)上海市:2015 年由上海市城乡建设管理委员会发布《上海市建筑信息模型技术应用指南》。此指南在国家 BIM 标准基础上,针对上海地区建筑工程项目的特点,建立了相应技术标准,并界定各项目参与方权利与义务。上海专项行业标准也在积极制定中。

(3)深圳市:2015 年由深圳市建筑工务署发布《BIM 实施管理标准》。此标准对深圳市新建、改建、扩建项目在应用 BIM 时所需满足的职责、交付、协同等提出要求。

(4)香港特区:香港房屋委员会在 2009 年发布了香港首个 BIM 标准并推广到整个建筑工程行业,此标准包含 BIM 标准(BIM Standard)、用户指南(User Guide)、构件设计指南(Library Component Design Guide)和参考文献(Reference)。2013 年,香港建设部(Construction Industry Council,CIC)建立了一个 BIM 工作小组并指定由该组织开发 BIM 标准,最终在 2015 年初出版。

(5)浙江省:2016 年由浙江省住房和城乡建设厅发布《浙江省建筑信息模型(BIM)技术应用导则》,针对 BIM 实施的组织管理与 BIM 技术应用点提出了相应的要求。

第2章 BIM 工具与相关技术

教学导入

工欲善其事，必先利其器。想要认识 BIM，了解 BIM，掌握 BIM 技术的应用，离不开工具的支持。从设计到施工，从施工到运维管理，都需要建立和使用 BIM 模型，增强项目参与各方之间的沟通。因此以需求为导向，模型为基础，就需要对 BIM 工具及相关技术有一定的认识。

本章主要介绍 BIM 软硬件工具，并分析工具软件的应用方向。同时对 BIM 与其他相关技术的结合应用进行阐述与展望。

学习要点

- BIM 工具
- BIM 的相关技术

2.1 BIM 工具概述

BIM 应用离不开软硬件的支持，在项目的不同阶段或不同目标单位，需要选择不同软件并予以必要的硬件和设施设备配置。BIM 工具有软件、硬件和系统平台三种类别。硬件工具如计算机、三维扫描仪、3D 打印机、全站仪机器人、手持设备、网络设施等。系统平台是指由 BIM 软硬件支持的模型集成、技术应用和信息管理的平台体系。这里主要介绍软件工具。

BIM 软件的数量十分庞大，BIM 系统并不能靠一个软件实现，或靠一类软件实现，而是需要不同类型的软件，而且每类软件也可选择不同的产品。这里通过对目前在全球具有一定市场影响或占有率，并且在国内市场具有一定认识和应用的 BIM 软件（包括能发挥 BIM 价值的软件）进行梳理和分类，希望对 BIM 软件有个总体了解。

先对 BIM 软件的各个类型作一个归纳，如图 2-1 所示，BIM 软件分核心建模软件和用模软件。图中央为核心建模软件，围绕其周围的均为用模软件。

2.1.1 BIM 核心建模软件

这类软件英文通常叫"BIM Autho-

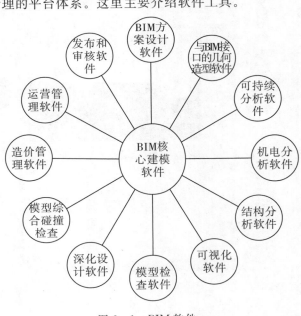

图 2-1 BIM 软件

23

ring Software"，是 BIM 的基础，换句话说，正是因为有了这些软件才有了 BIM，也是从事 BIM 的同行要碰到的第一类 BIM 软件。因此我们称它们为"BIM 核心建模软件"，简称 "BIM 建模软件"。BIM 核心建模软件分类详见图 2-2。

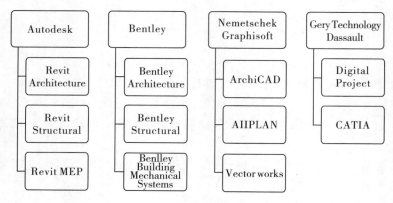

图 2-2　BIM 核心建模软件

从图 2-2 中可以了解到，BIM 核心建模软件主要有以下 4 个方向：

（1）Autodesk 公司的综合性最强，包含 Revit 建筑、结构和机电系列，在民用建筑市场借助 AutoCAD 已有的优势，有相当不错的市场表现。Revit 平台的核心是 Revit 参数化更改引擎，它可以自动协调在任何位置（例如在模型视图或图纸、明细表、剖面、平面图中）所作的更改，针对特定专业的建筑设计和文档系统，支持所有阶段的设计和施工图纸，多视口建模如图 2-3 所示。

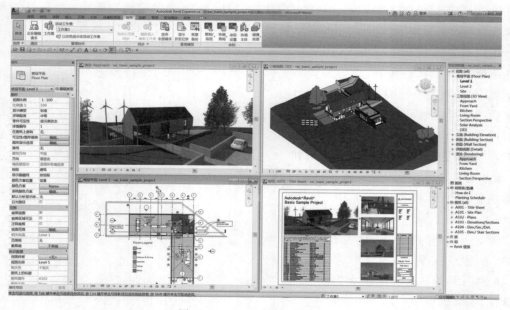

图 2-3　Revit 建模工作界面

（2）Bentley 侧重专业领域的市场耕耘，包括建筑、结构和设备系列，Bentley 产品在工厂设计（石油、化工、电力、医药等）和基础设施（道路、桥梁、市政、水利等）领域有无可争辩的优势。开发出 MicroStation TriForma 这一专业的 3D 建筑模型制作软件（由所建模型可以自动生成平面图、剖面图、立面图、透视图及各式的量化报告，如数量计算、规格与成本估计），如图 2-4 所示。

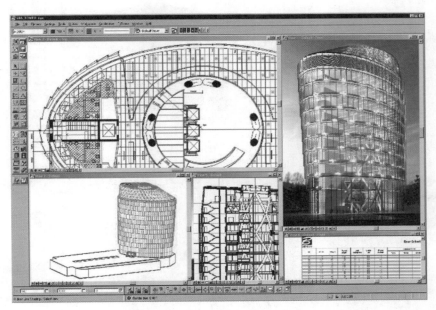

图 2-4　Bentley 建模工作界面

（3）ArchiCAD 最早普及了 BIM 的概念，自从 2007 年 Nemetschek 收购 Graphisoft 以后，ArchiCAD、Allplan、VectorWorks 三个产品就被归到同一个系列里面了，其中国内同行最熟悉的是 ArchiCAD（见图 2-5），属于一个面向全球市场的产品，应该可以说是最早的一个具有市场影响力的 BIM 核心建模软件，但是在中国由于其专业配套的功能（仅限于建筑专业）与多专业一体的设计院体制不匹配，很难实现业务突破。Nemetschek 的另外 2 个产品，Allplan 主要市场在德语区，VectorWorks 则是其在美国市场使用的产品名称。

（4）Dassault 公司的 CATIA 是全球最高端的机械设计制造软件，如图 2-6 所示，在航空、航天、汽车等领域具有接近垄断的市场地位，应用到工程建设行业无论是对复杂形体还是超大规模建筑，其建模能力、表现能力和信息管理能力都比传统的建筑类软件有明显优势，而与工程建设行业的项目特点和人员特点的对接问题则是其不足之处。Digital Project 是 Gery Technology 公司在 CATIA 基础上开发的一个面向工程建设行业的应用软件（二次开发软件），其本质还是 CATIA，就跟天正的本质是 AutoCAD 一样。

BIM 的核心建模软件除了这四大系列外，目前还有四个被广泛应用的后起之秀，它们是 Google 公司的草图大师 SketchUp、Robert McNeel 的犀牛 Rhino、FormZ 及 Tekla，SketchUp 和 Rhino 的市场更大。SketchUp 最简单易用，建模极快，最适合前期的建筑方案推敲，因为建立的为形体模型，难以用于后期的设计和施工图；Rhino 广泛应用于工业造型设计，简单快速，不受约束的自由造形 3D 和高阶曲面建模工具，在建筑曲面建模方面可大展身手；

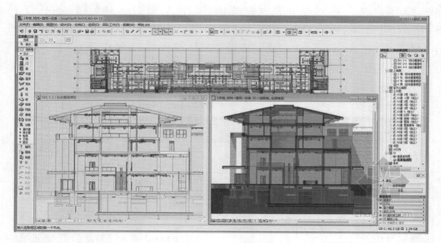

图 2-5　ArchiCAD 建模工作界面

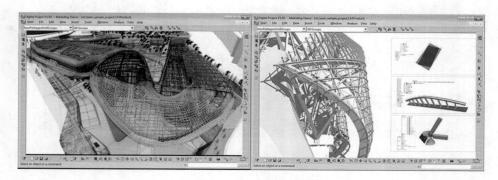

图 2-6　CATIA 建模工作界面

Formz 类似 AutoDesk 的 Max,也是国外 3D 绘图的常用设计工具;来自芬兰 Tekla 公司的 Tekla Structure(Xsteel)用于不同材料的大型结构设计,在国外占有很大市场份额,目前在国内发展迅速,但比较复杂,不易掌握,对异形结构支持弱。

　　因此,对于一个项目或企业 BIM 核心建模软件技术路线的确定,可以考虑如下基本原则:民用建筑用 Autodesk Revit;工厂设计和基础设施用 Bentley;单专业建筑事务所选择 ArchiCAD、Revit、Bentley 都有可能成功;项目完全异形、预算比较充裕的可以选择 Digital Project 或 CATIA。

2.1.2　BIM 可持续(绿色)分析软件

　　可持续或者绿色分析软件如图 2-7 所示,可以使用 BIM 模型的信息对项目进行日照、风环境、热工、景观可视度、噪音等方面的分析,主要软件有国外的 Echotect、Green Building Studio、IES 以及国内的 PKPM 等。

2.1.3　BIM 机电分析软件

　　水暖电等设备和电气分析软件,如图 2-8 所示。国内产品有鸿业、博超等,国外产品有 Design Master、IES Virtual Environment、Trane Trace 等。

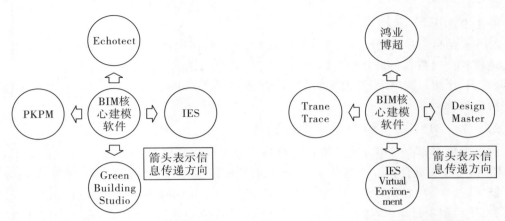

图 2-7   BIM 可持续(绿色)分析软件   图 2-8   BIM 机电分析软件

2.1.4   BIM 结构分析软件

结构分析软件是目前和 BIM 核心建模软件集成度比较高的产品,基本上两者之间可以实现双向信息交换,即结构分析软件可以使用 BIM 核心建模软件的信息进行结构分析,分析结果对结构的调整又可以反馈回到 BIM 核心建模软件中去,自动更新 BIM 模型。

ETABS、STAAD、Robot 等国外软件以及 PKPM 等国内软件都可以跟 BIM 核心建模软件配合使用,如图 2-9 所示。

2.1.5   BIM 可视化软件

有了 BIM 模型以后,对可视化软件的使用至少有如下好处:

(1)可视化建模的工作量减少了;

(2)模型的精度和与设计(实物)的吻合度提高了;

(3)可以在项目的不同阶段以及各种变化情况下快速产生可视化效果。

常用的可视化软件包括 3ds Max、Artlantis、AccuRender 和 Lightscape 等,如图 2-10 所示。

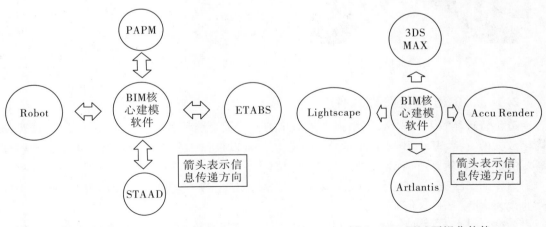

图 2-9   BIM 结构分析软件   图 2-10   BIM 可视化软件

2.1.6　BIM 深化设计软件

Xsteel 是目前最有影响的基于 BIM 技术的钢结构深化设计软件,该软件可以使用 BIM 核心建模软件的数据,对钢结构进行面向加工、安装的详细设计,生成钢结构施工图(加工图、深化图、详图)、材料表、数控机床加工代码等。图 2－11 是 Xsteel 设计的一个例子(由宝钢钢构提供)。

2.1.7　BIM 模型综合碰撞检查软件

有两个根本原因直接导致了模型综合碰撞检查软件的出现:①不同专业人员使用各自的 BIM 核心建模软件建立自己专业相关的 BIM 模型,这些模型需要在一个环境里面集成起来才能完成整个项目的设计、分析、模拟,而这些不同的 BIM 核心建模软件无法实现这一点;②对于大型项目来说,硬件条件的限制使得 BIM 核心建模软件无法在一个文件里面操作整个项目模型,但是又必须把这些分开创建的局部模型整合在一起研究整个项目的设计、施工及其运营状态。

模型综合碰撞检查软件的基本功能包括集成各种三维软件(包括 BIM 软件、三维工厂设计软件、三维机械设计软件等)创建的模型,进行 3D 协调、4D 计划、可视化、动态模拟等,属于项目评估、审核软件的一种。常见的模型综合碰撞检查软件有 Autodesk Navisworks、Bentley Projectwise Navigator 和 Solibri Model Checker 等,如图 2－12 所示。

图 2－11　Xsteel 设计实例

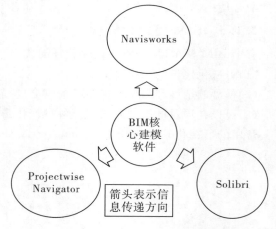

图 2－12　常见的 BIM 模型综合碰撞检查软件

2.1.8　BIM 造价管理软件

造价管理软件利用 BIM 模型提供的信息进行工程量统计和造价分析,由于 BIM 模型结构化数据的支持,基于 BIM 技术的造价管理软件可以根据工程施工计划动态提供造价管理需要的数据,这就是所谓 BIM 技术的 5D 应用。

国外的 BIM 造价管理有 Innovaya 和 Solibri、RIB iTWO,鲁班是国内 BIM 造价管理软件的代表,如图 2－13 所示。

鲁班对以项目或业主为中心的基于 BIM 的造价管理解决方案应用给出了如下整体框架,如图 2－14 所示,这无疑会对 BIM 信息在造价管理上的应用水平提升起到积极作用,同

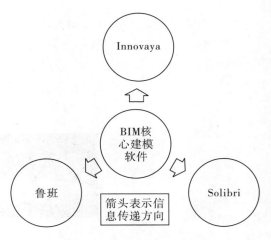

图 2-13 BIM 造价管理软件

时也是全面实现和提升 BIM 对工程建设行业整体价值的有效实践,因此我们知道,能够使用 BIM 模型信息的参与方和工作类型越多,BIM 对项目能够发挥的价值就越大。

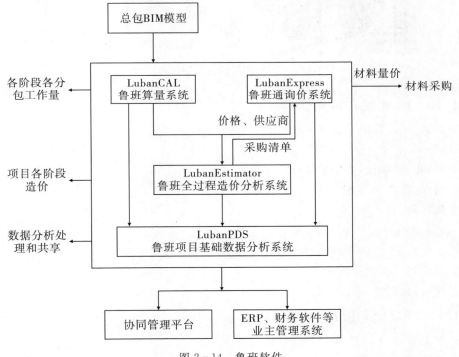

图 2-14 鲁班软件

2.1.9 BIM 运营管理软件

可以把 BIM 形象地比喻为建设项目的 DNA。根据美国国家 BIM 标准委员会的资料,一个建筑物生命周期 75% 的成本发生在运营阶段(使用阶段),而建设阶段(设计、施工)的成本只占项目生命周期成本的 25%。

  BIM 模型为建筑物的运营管理阶段服务是 BIM 应用重要的推动力和工作目标,在这方面美国运营管理软件 ArchiBUS 是最有市场影响的软件之一。

  图 2-15 是由 FacilityONE 提供的基于 BIM 的运营管理整体框架,对同行认识和了解 BIM 技术的运营管理应用有所帮助。

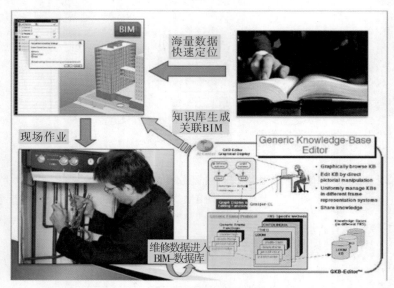

图 2-15 基于 BIM 的运营管理整体框架

2.1.10 BIM 发布审核软件

  最常用的 BIM 成果发布审核软件包括 Autodesk Design Review、Adobe PDF 和 Adobe 3D PDF,正如这类软件本身的名称所描述的那样,发布审核软件把 BIM 的成果发布成静态的、轻型的、包含大部分智能信息的、不能编辑修改但可以标注审核意见的、更多人可以访问的格式如 DWF、PDF、3D PDF 等,供项目其他参与方进行审核或者利用,如图 2-16 所示。

2.1.11 BIM 常用软件汇总

  基于上文所述的 BIM 核心建模软件与应用软件的阐述,可见有关 BIM 的软件很多,体系很庞大,而且现在每个软件公司都

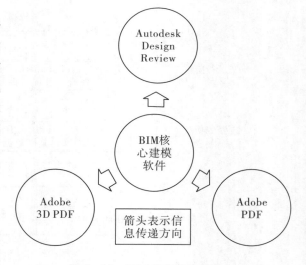

图 2-16 BIM 发布审核软件

在开发更多的功能,一个软件可能以项目周期中一个环节为主兼顾其他几个环节,因而下面我们通过用一张表来帮助理清软件分类,表中软件的排序依据是按照大多数建筑类高校师生使用的频率,并结合 BIM 生命周期从概念、设计、分析、量算和施工的顺序排列,同时又按

地域性差异作出分类,如表 2-1 所示。

表 2-1　BIM 常用软件一览表

	BIM 软件及所属公司		特　点
1	概念设计软件	Google 草图大师(美国) SketchUp	简单易用,建模快,适合前期方案推敲
2		Autodesk(美国) 3ds Max	集 3D 建模、效果图和动画展示于一体,适用于方案后期效果展示
3	设计建模软件	Autodesk(美国) Revit	集 3D 建模展示、方案和施工图于一体,集成建筑、结构和机电专业,市场应用较广,但对中国标准规范的支持不足
4		Graphisoft(匈牙利) ArchiCAD	世界上最早的 BIM 软件,集 3D 建模展示、方案和施工图于一体,但对中国标准规范的支持不足
5		Bentley(美国) Architecture 系列	基于 MicroStation 平台,集 3D 建模展示、方案和施工图于一体
6		Robert McNeel(美国) 犀牛 Rhino	不受约束的自由造形 3D 和高阶曲面建模工具,应用于工业造型设计,简单快速,在建筑曲面建模方面可大展身手
7		Dassault(法国) CATIA	起源于飞机设计,最强大的三维 CAD 软件,独一无二的曲面建模能力,应用于复杂异型的三维建筑设计
8		Tekla Corp(芬兰) Tekla/Xsteel	应用于不同材料的大型结构设计,但对异形结构支持不足
9		CSI(美国) SAP2000	集成建筑结构分析与设计,SAP2000 适合多模型计算,拓展性和开放性更强,设置更灵活,趋向于"通用"的有限元分析;ETABS 结合中国规范比较好
10		CSI(美国) ETABS	
11		中国建筑科学研究院检验科技股份有限公司(中国) PKPM 系列	集建筑、结构、设备与节能为一体的建筑工程综合 CAD 系统,符合本地化标准
12		天正公司(中国) 天正系列	基于 AutoCAD 平台,遵循国标和设计师习惯,可完成各个设计阶段的任务,为建筑、结构与电气等专业设计提供了全面的解决方案
13		北京理正(中国) 理正系列	基于 AutoCAD 平台,遵循国标和设计师习惯,可在建筑、结构、水电、勘察与岩土系列进行施工图绘制
14		鸿业科技(中国) 鸿业系列	提供了基于 Revit 平台的建筑与机电专业的协同建模和基于 AutoCAD 平台的施工图设计与出图

	BIM 软件及所属公司		特 点
15	环境能源分析	美国能源部与劳伦斯伯克利国家实验室共同开发（美国）	EnergyPlus	用于对建筑中的热环境、光环境、日照、能量分析等方面的因素进行精确的模拟和分析
16		Autodesk（美国）	Ecotect Analysis	
17	施工造价管理	广联达股份有限公司（中国）	广联达系列	基于自主 3D 图形平台研发的系列算量软件，适合全国各省市计算规则与清单、定额库，可快速进行算量建模。其 BIM 5D 平台通过模型与成本关联，以此对项目商务应用进行管控
18		上海鲁班软件（中国）	鲁班系列	基于 AutoCAD 平台开发的土建、钢筋、安装等专业算量软件，其 Luban PDS 系统以算量模型或 BIM 模型以及造价数据为基础，将数据与 ERP 系统对接，形成数据共享，从而对项目进行施工管理
19		深圳斯维尔（中国）	斯维尔系列	基于 AutoCAD 平台进行开发，有设计、节能设计、算量与造价分析等功能，应用于进行编制工程概预、结算与招标投标报价
20	施工管理	Autodesk（美国）	Navisworks	可导入 Autodesk AutoCAD 与 Revit 等软件创建的设计数据，从而可实现动态 4D 模拟、冲突管理、动态漫游等
21		RIB Software（德国）	iTWO	通过整合 CAD 与企业资源管理系统（ERP）的信息及其应用，依据建筑流程，实时获取施工过程的材料、设备信息
22		Vico Software（美国）	Vico Office Suite	5D 虚拟建造软件，包含多个模块，可进行工序模拟、成本估计、体量计算、详图生成、碰撞检查、施工问题检查等应用

目前,BIM 软件众多,可选择范围广,如何正确选择合适的 BIM 软件,并能学以致用,发挥 BIM 价值是摆在 BIM 应用单位和个人面前必须决策的问题。面对中国巨大的市场需求,期待有更多更好的适合中国应用实际的 BIM 软件问世。

2.1.12 软件互操作性

目前,在我国市场上具有影响力的 BIM 软件有几十种,这些软件主要集中在设计阶段和工程量计算阶段,施工管理和运营维护的软件相对较少。而较有影响力的供应商主要包括 Autodesk（美国）、Bentley（美国）、Progman（芬兰）、Graphisoft（匈牙利）以及中国的鸿业、理正、广联达、鲁班、斯维尔等。

根据实验以及应用可以得出这样一个结论:这些 BIM 软件间的信息交互性是存在的,但是在项目运营阶段 BIM 技术并未得到充分应用,使得运营阶段在建设项目的全寿命周期内处于"孤立"状态。然而,在建设项目全寿命周期管理中是以运营为导向实现建设项目价值最大化。如何使得 BIM 技术最大限度符合全寿命周期管理理念,提升我国建设行业生产力水平,值得深入研究。进一步分析,就某一个阶段 BIM 技术而言,应用价值也未达到充分的实现,比如设计阶段中"绿色设计""规范检查""造价管理"三个环节仍出现了"孤岛现象"。当前,如何统筹管理,实现 BIM 在各阶段、各专业间的协同应用,软件互操作性是研究解决的关键。

这里需要指出:BIM 是 10% 的技术问题加上 90% 的社会文化问题。而目前已有研究中 90% 是技术问题,这一现象说明,BIM 技术的实现问题并非技术问题,而更多的是统筹管理问题。值得欣喜的是,由中国建筑科学研究院主导的 P-BIM 体系对于提升国内外软件互操作能力,实现建筑全生命期的信息交换取得了阶段性成果。

2.2 BIM 相关技术

近些年随着 BIM 应用的发展,相关技术很多,本书在以下方面作简要介绍,如图 2-17 所示。

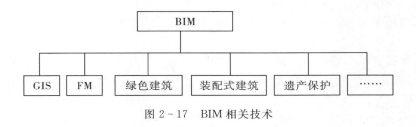

图 2-17 BIM 相关技术

2.2.1 BIM 和 GIS

地理信息系统(GIS)是在计算机软、硬件支持下,对地理空间数据进行采集、输入、存储、操作、分析、建模、查询、显示和管理,以提供对资源、环境及各种区域性研究、规范、管理决策所需信息的人机模型,从而能够解决问题:某个地方有什么,符合那些条件的实体在哪里,实体在地理位置上发生了哪些变化,某个地方如果具备某种条件会发生什么问题等。它对于城市规划这样的宏观领域是一项重要的技术。它可以在城市规划的各个阶段发挥重要的作用,包括专题制图(图框、图例、风玫瑰)、空间叠加技术分析(现状容积率统计、城市用地适宜性评价)、三维分析技术(三维场景模拟、地形分析和构建、景观视域分析)、交通网络分析技术(交通网络构建、设施服务区分析、设施优化布局分析、交通可达性分析)、空间研究分析(空间句法、空间格局分析)、规划信息管理技术(规划管理信息系统、规划信息资源库)等,可以方便制作各类专题图和三维模拟,而且软件模块丰富,可以嵌套编程,方便灵活嵌入其他系统中。

其缺点主要是:优点即是缺点,正因为 ESRI 定位大视角巨系统,所以系统比较庞大,前期数据整理比较费精力,所以上手比较慢。而且此软件在规划领域应用广泛,在建筑设计领域的具体视角体现较少,故主要用于环境分析。此外对硬件要求也比较高,价格昂贵。

BIM 与 GIS 的契合性主要体现在技术方面,首先二者的专业基础技术相似,包括数据库管理和图形图像处理等技术,这为 BIM 和 GIS 的可视化功能提供了较好的基础;其次二者的数字化信息处理方式相同,二者的数据可以转换为统一标准下的数字化数据,因此可将BIM中的数据导入 GIS 中,同时也将 GIS 中的数据应用于 BIM 中,互为对方的数据源,用来确定施工场地的合理化布置和物料运输路线的最佳选择。BIM 技术可以将施工阶段和设计阶段的物料属性信息(形状、大小、所占空间)进行相互比较,而 GIS 技术是对与建设项目相关的环境、现有建筑的分布和建设项目外形的客观描述,是一个具备查询和分析功能的平台。

2.2.2　BIM 和 FM

BIM 技术的价值并不仅仅局限于建筑的设计与施工阶段,在运营维护阶段,BIM 同样能产生极其巨大的价值,在运维阶段重要的一门技术就是 FM,又叫设施管理系统,BIM 模型中包含的丰富信息可以为 FM 的决策和实施提供有力的信息支撑。

现代设施管理的业务范围已超越了物业维修和保养的工作范畴,覆盖设施的全生命周期,其职能范围包括维护运营、行政服务、空间管理、建筑工程设计和工程服务、不动产管理、设施规划、财务规划、能源管理、健康安全等。它从建筑物业主、管理者和使用者的利益出发,对业务运营涉及的所有设施与环境进行全生命周期的规划、管理,对可预见性风险进行规避和控制。设施管理注重并坚持与新技术应用同步发展,在降低成本、提高效率的同时,保证了管理与技术数据分析处理的准确,促进科学决策,为核心业务的发展提供服务和支撑。

据某国外研究机构对办公建筑全生命周期的成本费用分析,设计和建造成本只占到了整个建筑生命周期费用的 20% 左右,而运营维护的费用占到了全生命周期费用的 67% 以上。

在运营维护阶段,充分发挥利用 BIM 的价值,不但可以提高运营维护的效率和质量,而且可以降低运营维护费用,基于 BIM 的空间管理、资产管理、设施故障的定位排除、能源管理、安全管理等功能实现,在可视化、智能化、数据精确性和一致性方面都大大优于传统的运维软件。大数据、传感器、定位系统、移动互联、社交媒体、BIM 建筑等新技术的集成应用,也是智慧化运维的必然趋势。

国外 FM 管理系统软件主要有 IBM TRIRIGA ＋ Maximo、Archibus。TRIRIGA 是IBM 公司 2011 年收购的软件,基于 WEB 开发,与 IBM Maximo 资产管理软件结合为用户提供投资项目管理、空间管理、资产组合规划、能源管理等全面的设施和房地产管理解决方案。Archibus 是全球知名的设施管理系统软件,可以管理所有不动产及设施,Archibus 包含"不动产及租赁管理""工作场所管理""设备资产管理""大厦运维管理""可持续管理"等主要模块。它可以集中资产信息、控制支出和执行规范、优化设施使用、有效执行流程。目前国外的设施管理软件也已开始对 BIM 模型提供支持,并尝试向云平台服务模式转化。

虽然在国外 FM 管理体系已经比较成熟,但 FM 在国内还处在发展期,比如上海现代建筑设计集团率先通过申都大厦的运维管理平台实践。整体还缺少与 BIM 及物联网相结合的、适合国内 FM 运维管理需求的系统化管理云平台,这个云平台远期将以 BIM 和网络为基础,共用操作界面环节,将完美融合建筑的后期应用:物业及设施管理(PM＋FM)、建筑设备管理(BMS)、综合安全管理(SMS)、信息设施管理(ITSI),从而实现智慧化各应用系统之间信息资源的共享与管理、各应用系统的交互操作和快速响应与联动控制,以达到自动化监视与控制的目的。基于云计算和 BIM 的建筑管理信息平台如图 2-18 所示。

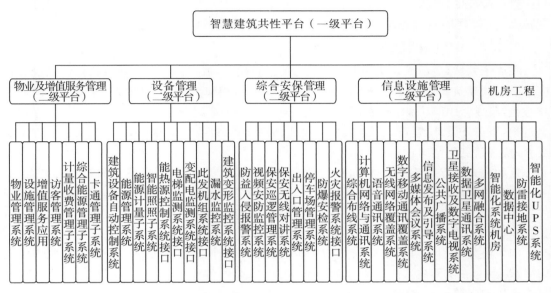

图 2-18　基于云计算和 BIM 的建筑管理信息平台

2.2.3　BIM 和绿色建筑

绿色建筑理念吹遍全球,国内近些年因为建筑污染、能源危机进而推行建筑节能设计,就是以绿色建筑为发展目标。绿色建筑的含义在于:高效利用周边的自然环境、气候条件等,减少建筑污染的排放,与生态环境良好共生,做到可持续发展。

随着 BIM 概念的普及,越来越多的项目开始尝试应用 BIM 技术融入绿色建筑的各个环节。就建筑生命周期而言,以规划设计阶段分析最重要,以建造施工阶段的整合部分最复杂,否则就会出现大量耗能设计并造成大量后期工序冲突。

1. 在规划设计方面

实现绿色设计、可持续设计方面 BIM 的优势是很明显的:BIM 方法可用于分析采光、热能、电能、噪声、气流、不同建材等绿建建筑性能的方方面面,去分析实现最低能耗的建筑设计,还可在项目大环境规划中完成群体间的日照时间、模拟风环境、热岛检测、景观模拟、排水模拟等,为规划设计的“绿色探索”注入高科技力量。

2. 在施工运维阶段

在施工过程中,借助 BIM 的冲突检测、施工模拟、工程量计算、人员物资调配,可以进一步达到避免浪费、节约资源的绿色建筑目的。运维阶段:绿建的设备运营管理、废弃物管理、物业管理强调高效管理,以达到回收利用等目标,BIM 模型的众多数据可以直接被物业管理的 FM 系统调用,从而提高管理效率,减少人力和物资的消耗。

我国绿色建筑设计处于起步阶段,缺少系统分析工具,绿色建筑规划设计软件存在以下问题:①国内绿建软件发展滞后,核心功能计算依赖于国外软件,还不能成体系的独立。②各绿建软件相互独立,数据共享性差。③绿建需要多专业多软件配合,软件都无法集成,所以绿色建筑评价标准的准确性和一致性有很大问题。

所以以前不少 BIM 应用单位都还是浅尝辄止,仅仅是起到辅助设计的作用或者作为项目招投标阶段的"噱头",并没有真正形成生产力,但 2016 年以来,在一些前沿大公司大项目的带动下,基于 BIM 绿色建筑应用趋势正势不可挡地袭来。

2.2.4　BIM 和装配式建筑

在施工领域,装配式建筑作为一种先进的建筑模式,被广为应用到建筑行业的建设过程中。装配式建筑模式是设计→工厂制造→现场安装,相较于设计→现场传统施工模式来说核心是"集成",BIM 方法是"集成"的主线。这条主线串联起设计、生产、施工、装修和管理的全过程,服务于设计、建设、运维、拆除的全生命周期,可以数字化虚拟,信息化描述各种系统要素,实现信息化协同。

这种模式优点是节约了时间,但这种模式推广起来仍有困难,从技术和管理层面来看,一方面是因为设计、工厂制造、现场安装三个阶段相分离,设计成果可能不合理,在安装过程才发现不能用或者不经济,造成变更和浪费,甚至影响质量;另一方面,工厂统一加工的产品比较死板,缺乏多样性,不能满足不同客户的需求。

BIM 技术的引入可以有效解决以上问题,它将设计方案、制造需求、安装需求集成在BIM 模型中,在实际建造前统筹考虑设计、制造、安装的各种要求,把实际制造、安装过程中可能产生的问题提前解决。

在装配式建筑 BIM 应用中,模拟工厂加工的方式,以"预制构件模型"的方式来进行系统集成和表达,这就需要建立装配式建筑的 BIM 构件库。通过装配式建筑 BIM 构件库的建立,可以不断增加 BIM 虚拟构件的数量、种类和规格,逐步构建标准化预制构件库。在深化设计、构件生产、构件吊装等阶段,都将采用 BIM 进行构件的模拟、碰撞检验与三维施工图纸的绘制。BIM 的运用使得预制装配式技术更趋完善合理。

2.2.5　BIM 和历史街区与历史建筑保护

BIM 模型核心是将现实建筑的参数录入到计算机中,建立一个与现实完全相同的虚拟模型,这个模型本质是一个数字化的、信息完备的、与实际情况完全一致的建筑信息库。这个信息库应当包含建筑所有的数据信息,包括建筑构件的几何形体、物理特性、状态属性等。同时还应包括非构件对象的信息,如构件所围合的空间、处于对象内的人的行为、发生火灾时火势的蔓延等。这种高度集成的信息模型不但可以运用到建筑设计阶段,同样对已建成建筑的保护与研究有很大的帮助。因此能够通过 BIM 模型模拟历史街区及建筑在现实世界的状态以及在遇到突发问题时发生的变化,对研究古建筑的现状、变化规律以及发展趋势有很大帮助。

2.2.6　BIM 和 VR

VR(Virtual Reality,即虚拟现实技术)是一种可以创建和体验虚拟世界的计算机仿真系统,它利用计算机生成一种交互式的三维动态视景和实体行为的虚拟环境,从而使用户沉浸到其中。

BIM 是利用计算机与互联网技术将建筑平面图纸转成可视化的多维度数据模型,虽然BIM 模型可以达到模拟的效果,但与 VR 相比在视觉效果上还有很大差距,VR 能弥补视觉表现真实度的短板。目前 VR 的发展主要在硬件设备的研究上,缺乏丰富的内容资源使得VR 难以表现虚拟现实的真正价值,VR 内容的模型建立与内容调整上更需投入大量成本,新技术存在落地难的困境。而 BIM 本身就具有的模型与数据信息,为 VR 提供极好的内容与落地应用的真实场景。

BIM 已在建造方式上改变了传统的施工方法,VR 的诞生给人们带来了不一样的感知交互体验,因而 BIM 与 VR 的结合,可在虚拟建筑表现效果上进行更为深度的优化与应用,从而为项目设计方案的决策制定、施工方案的选择优化、虚拟交底、工程教育质量的提升等方面提供了强有力的技术支撑。

当前样板房、虚拟交底等应用只是 VR 与 BIM 相融合的开始,未来利用 BIM 与 VR 系统平台打造虚拟城市,为城市创造更多的新空间,推动超大型城市的形成与改变,才是其发展的长远道路。在此过程中,无论是在设备硬件研究上,还是在内容填充上,BIM 与 VR 都还有很长的道路需要走。当 BIM 与 VR 真正相互融合,带给我们的将不只是简单的虚拟建筑场景,而是一场全方位感知的盛宴,是一场建筑技术的新革命!

2.2.7 BIM 和三维激光扫描技术

BIM 具有可视化、协调性、模拟性、优化性和可出图性的特点,而三维激光扫描仪则具有数据真实性、准确特点。通过三维激光扫描施工现场得到真实、准确的数据;通过对比检测得知施工现场是否在施工质量控制范围之内;旧的建筑物因为图纸不齐全或长年累月的位移导致在对其改造时因无法获取准确的数据信息,也就无法正确地实施改造;通过三维激光扫描改造现场,建立 BIM 体系模型,通过 BIM 体系模型建立整套的 BIM 改造方案。目前参与的项目应用点:①三维激光扫描仪结合 BIM 施工环节;②检测控制施工质量;③根据现有的施工情况进行合理的二次设计;④三维激光扫描仪结合 BIM 翻新环节;⑤图纸不足造成改造方案不准确问题。图 2-19 为经三维扫描后拼接而成的 Revit 模型。

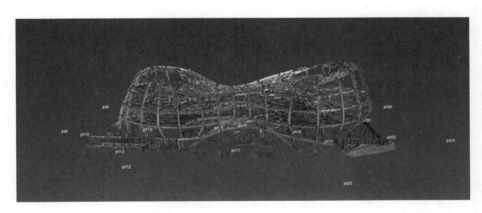

图 2-19 经三维扫描后拼接而成的 Revit 模型

但是三维扫描的物体是大量的点云,一个小房子可能达到数以亿级的点数,对计算机的硬件要求会更高,后期处理的工作量也会增大,随着硬件和软件技术的进步,激光扫描技术将会成为 BIM 的数据测量利器。

2.2.8 BIM 与 3D 打印技术

3D 打印机(3D Printers)是一位名为恩里科·迪尼(Enrico Dini)的发明家设计的一种神奇的打印机。1995 年,麻省理工创造了"三维打印"一词,当时的毕业生 Jim Bredt 和 Tim Anderson 修改了喷墨打印机方案,把墨水挤压在纸张上的方案变为把约束溶剂挤压到粉末床的解决方案。

三维打印机被用来制造样品,节约了设计样品到产品生产时间,打印的原料可以是有机或者无机的材料,通过3D打印机打印出更实用的物品。3D打印机广泛应用于政府、航天和国防、医疗设备、高科技、教育业以及制造业。

目前,已经国外有学者使用3D打印机成功地"打印"出一幢完整的建筑,以及所有房间内部立体物品。3D打印技术的前景广阔,3D打印的前提是有三维模型,BIM技术与3D打印机技术相结合,扩展应用范围,如虎添翼,可以想象,在未来的工业4.0精细定制领域,大型的3D打印设备将会极大改变目前的建筑业态面貌。

第 3 章　Revit 应用基础

教学导入

　　学习 BIM 最好的方法就是动手创建 BIM 模型,通过软件建模的操作学习,不断深入理解 BIM 的理念。Revit 系列软件是 Autodesk 公司针对建筑设计行业开发的三维参数化设计软件平台,自 2004 年进入中国以来,已成为最流行的 BIM 模型创建工具,越来越多的设计企业、工程公司使用它完成三维设计工作和 BIM 模型创建工作。

　　3.1 节主要介绍 Revit 的操作基础,包括 Revit 的启动、界面操作,项目、项目样板及族的基本概念,以及族类型、文件格式等。内容多以概念为主,这些概念是学习掌握 Revit 的基础。

　　3.2 节通过实际操作,详细阐述了如何用鼠标配合键盘控制视图的浏览、缩放、旋转等基本功能以及对图元的复制、移动、对齐、阵列的基本编辑操作;还介绍了通过尺寸标注来约束图元及临时尺寸标注修改图元位置。这些内容都是 Revit 操作的基础,只有掌握基本的操作后,才能更加灵活地操作软件,创建和编辑各种复杂的模型。

学习要点

- Revit 基本概念
- Revit 主要功能
- Revit 基本术语
- Revit 操作命令

3.1　Revit 操作基础

3.1.1　Revit 的启动

　　Revit 是标准的 Windows 应用程序,可以通过双击快捷方式启动 Revit 主程序。启动后,会默认显示"最近使用的文件"界面。如果在启动 Revit 时,不希望显示"最近使用的文件界面",可以按以下步骤来设置。

　　(1)启动 Revit,单击左上角"应用程序菜单"按钮![icon],在菜单中选择位于右下角的 选项 按钮,弹出"选项"对话框,如图 3-1 所示。

　　(2)在"选项"对话框中,切换至"常规"选项卡,清除"启动时启用'最近使

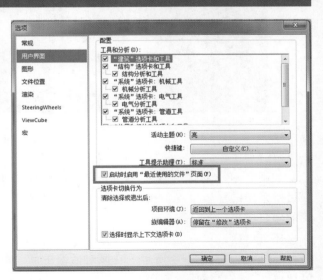

图 3-1　"用户界面"选项卡

用文件'页面"复选框,设置完成后单击 **确定** 按钮,退出"选项"对话框。

(3)单击"应用程序菜单" 按钮,单击右下角 退出Revit 按钮关闭 Revit,重新启动 Revit,此时将不再显示"最近使用的文件"界面,仅显示空白界面。

(4)使用相同的方法,勾选"选项"对话框中"启动时启用'最近使用文件'页面"复选框并单击 **确定** 按钮,将重新启用"最近使用的文件"界面。

3.1.2 Revit 的界面

Revit 2016 的应用界面如图 3-2 所示。在主界面中,主要包含项目和族两大区域,分别用于打开或创建项目以及打开或创建族。在 Revit 2016 中,已整合了包括建筑、结构、机电各专业的功能,因此,在项目区域中,提供了建筑、结构、机械、构造等项目创建的快捷方式。单击不同类型的项目快捷方式,将采用各项目默认的项目样板进入新项目创建模式。

项目样板是 Revit 工作的基础。在项目样板中预设了新建的项目所有默认设置,包括长度单位、轴网标高样式、墙体类型等。项目样板仅为项目提供默认预设工作环境,在项目创建过程中,Revit 允许用户在项目中自定义和修改这些默认设置。

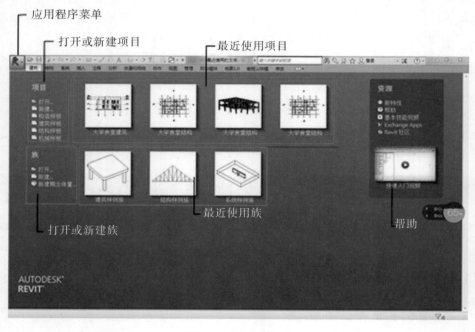

图 3-2 Revit 界面

如图 3-3 所示,在"选项"对话框中,切换至"文件位置"选项卡,可以查看 Revit 中各类项目所采用的样板设置。在该对话框中,还允许用户添加新的样板快捷方式,浏览指定所采用的项目样板。

还可以通过单击"应用程序菜单"按钮,在列表中选择"新建→项目"选项,将弹出"新建项目"对话框,如图 3-4 所示。在该对话框中可以指定新建项目时要采用的样板文件,除可以选择已有的样板快捷方式外,还可以单击 浏览(B)... 按钮指定其他样板文件创建项目。

在该对话框中,选择"新建"的项目为"项目样板"的方式,用于自定义项目样板。

图 3-3　"选项"对话框"文件位置"选项卡

图 3-4　"新建项目"对话框

　　Revit 提供了完善的帮助文件系统,以方便用户在遇到使用困难时查阅。可以随时单击"帮助与信息中心"栏中的"Help"  按钮或按键盘"F1"键,打开帮助文档进行查阅。目前,Revit 已将帮助文件以在线的方式提供,因此必须连接 Internet 才能正常查看帮助文档。

3.1.3　Revit 基本术语

　　要掌握 Revit 的操作,必须先理解软件中的几个重要的概念和专用术语。由于 Revit 是针对工程建设行业推出的 BIM 工具,因此 Revit 中大多数术语均来自于工程项目,例如结构墙、门、窗、楼板、楼梯等。但软件中包括几个专用的术语,读者务必掌握。

　　除前面介绍的参数化、项目样板外,Revit 还包括几个常用的专用术语。这些常用术语包括项目、对象类别、族、族类型、族实例等。必须理解这些术语的概念与含义,才能灵活创建模型和文档。

1. 项目

　　在 Revit 中,可以简单地将项目理解为 Revit 的默认存档格式文件。该文件中包含了工程中所有的模型信息和其他工程信息,如材质、造价、数量等,还可以包括设计中生成的各种图纸和视图。项目以".rvt"数据格式保存。注意".rvt"格式的项目文件无法在低版本的 Revit 打开,但可以被更高版本的 Revit 打开。例如,使用 Revit 2012 创建的项目文件,无法在 Revit 2011 或更低的版本中打开,但可以使用 Revit 2014 打开或编辑。

小提示

　　使用高版本的软件打开文件后,当在保存文件时,Revit 将升级项目文件格式为新版本文件格式。升级后的文件也将无法使用低版本软件打开了。

前面提到,项目样板是创建项目的基础。事实上在 Revit 中创建任何项目时,均会采用默认的项目样板文件。项目样板文件以".rte"格式保存。与项目文件类似,无法在低版本的 Revit 软件中使用高版本创建的样板文件。

2. 图元

图元是构成项目的基础。在项目中,各图元主要起三种作用:①基准图元可帮助定义项目的定位信息。例如,轴网、标高和参照平面都是基准图元。②模型图元表示建筑的实际三维几何图形。它们显示在模型的相关视图中。例如,墙、窗、门和屋顶是模型图元。③视图专有图元只显示在放置这些图元的视图中。它们可帮助对模型进行描述或归档。例如,尺寸标注、标记和详图构件都是视图专有图元。

而模型图元又分为两种类型:①主体(或主体图元)通常在构造场地在位构建。例如,墙和楼板是主体。②构件是建筑模型中其他所有类型的图元。例如,窗、门和橱柜是模型构件。

对于视图专有图元,则分为以下两种类型:①标注是对模型信息进行提取并在图纸上以标记文字的方式显示其名称、特性。例如,尺寸标注、标记和注释记号都是注释图元。当模型发生变更时,这些注释图元将随模型的变化而自动更新。②详图是在特定视图中提供有关建筑模型详细信息的二维项。例如包括详图线、填充区域和详图构件。这类图元类似于 AutoCAD 中绘制的图块,不随模型的变化而自动变化。

如图 3-5 所示,列举了 Revit 中各不同性质和作用的图元的使用方式。

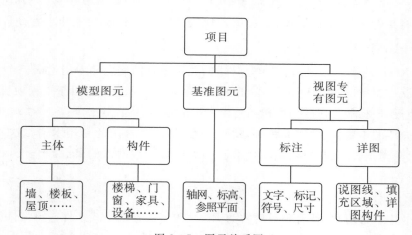

图 3-5　图元关系图

3. 对象类别

与 AutoCAD 不同,Revit 不提供图层的概念。Revit 中的轴网、墙、尺寸标注、文字注释等对象以对象类别的方式进行自动归类和管理。Revit 通过对象类别进行细分管理。例如,模型图元类别包括墙、楼梯、楼板等;注释类别包括门窗标记、尺寸标注、轴网、文字等。

在项目任意视图中通过按键盘默认快捷键 VV,将打开"可见性图形替换"对话框,如图 3-6 所示,在该对话框中可以查看 Revit 包含的详细类别名称。

图 3－6 "可见性图形替换"对话框

注意在 Revit 的各类别对象中，还将包含子类别定义，例如楼梯类别中，还可以包含踢面线、轮廓等子类别。Revit 通过控制对象中各子类别的可见性、线型、线宽等设置，控制三维模型对象在视图中的显示，以满足建筑出图的要求。

在创建各类对象时，Revit 会自动根据对象所使用的族将该图元自动归类到正确的对象类别当中。例如，放置门时，Revit 会自动将该图元归类于"门"，而不必像 AutoCAD 那样预先指定图层。

4. 族

Revit 的项目是由墙、门、窗、楼板、楼梯等一系列基本对象"堆积"而成，这些基本的零件就是图元。除三维图元外，包括文字、尺寸标注等单个对象也称之为图元。

族是 Revit 的重要基础。Revit 的任何单一图元都由某一个特定族产生。例如，一扇门、一面墙、一个尺寸标注、一个图框。由一个族产生的各图元均具有相似的属性或参数。例如，对于一个平开门族，由该族产生的图元可以具有高度、宽度等参数，但具体每个门的高度、宽度的值可以不同，这由该族的类型或实例参数定义决定。

在 Revit 中，族分为三种：

（1）可载入族。可载入族是指单独保存为族". rfa"格式的独立族文件，且可以随时载入到项目中的族。Revit 提供了族样板文件，允许用户自定义任意形式的族。在 Revit 中，门、窗、结构柱、卫浴装置等均为可载入族。

（2）系统族。系统族仅能利用系统提供的默认参数进行定义，不能作为单个族文件载入或创建。系统族包括墙、尺寸标注、天花板、屋顶、楼板等。系统族中定义的族类型可以使用"项目传递"功能在不同的项目之间进行传递。

（3）内建族。在项目中，由用户在项目中直接创建的族称为内建族。内建族仅能在本项目中使用，既不能保存为单独的". rfa"格式的族文件，也不能通过"项目传递"功能将其传递给其他项目。

与其他族不同,内建族仅能包含一种类型。Revit 不允许用户通过复制内建族类型来创建新的族类型。

5. 类型和实例

除内建族外,每一个族包含一个或多个不同的类型,用于定义不同的对象特性。例如,对于墙来说,可以通过创建不同的族类型,定义不同的墙厚和墙构造。而每个放置在项目中的实际墙图元,则称之为该类型的一个实例。Revit 通过类型属性参数和实例属性参数控制图元的类型或实例参数特征。同一类型的所有实例均具备相同的类型属性参数设置,而同一类型的不同实例,可以具备完全不同的实例参数设置。

如图 3-7 所示,列举了 Revit 中族类别、族、族类型和族实例之间的相互关系。

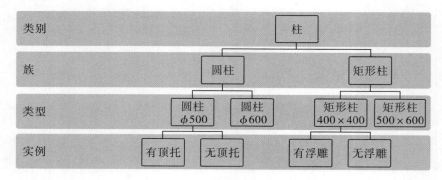

图 3-7 族关系

例如,对于同一类型的不同墙实例,它们均具备相同的墙厚度和墙构造定义,但可以具备不同的高度、底部标高、顶部标高等信息。

修改类型属性的值会影响该族类型的所有实例,而修改实例属性时,仅影响所有被选择的实例。要修改某个实例具有不同的类型定义,必须为族创建新的族类型。例如,要将其中一个厚度 240mm 的墙图元修改为 300mm 厚的墙图元,必须为墙创建新的类型,以便于在类型属性中定义墙的厚度。

6. 各术语间的关系

在 Revit 中,各类术语间对象的关系如图3-8 所示。

可这样理解 Revit 的项目,Revit 的项目由无数个不同的族实例(图元)组合而成,而 Revit 通过族和族类别来管理这些实例,用于控制和区分不同的实例。而在项目中,Revit 通过对象类别来管理这些族。因此,当某一类别在项目中设置为不可见时,隶属于该类别的所有图元均将不可见。本书在后续的章节中,将通过具体

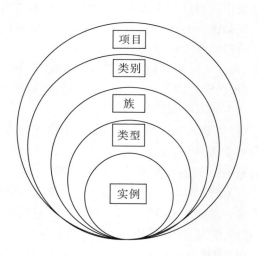

图 3-8 对象关系图

的操作来理解这些晦涩难懂的概念。读者在此有基本理解即可。

3.1.4　Revit 文件格式

1. 四种基本文件格式

（1）rte 格式。rte 格式是项目样板文件格式，包含项目单位、标注样式、文字样式、线型、线宽、线样式、导入/导出设置等内容。为规范设计和避免重复设置，对 Revit 自带的项目样板文件，根据用户自身需要、内部标准设置，并保存成项目样板文件，便于用户新建项目文件时选用。

（2）rvt 格式。rvt 格式是项目文件格式，包含项目所有的建筑模型、注释、视图、图纸等项目内容。通常基于项目样板文件（.rte）创建项目文件，编辑完成后保存为 rvt 文件，作为设计使用的项目文件。

（3）rft 格式。rft 格式是可载入族的样板文件格式。创建不同类别的族要选择不同族的样板文件。

（4）rfa 格式。rfa 格式是可载入族的文件格式。用户可以根据项目需要创建自己的常用族文件，以便随时在项目中调用。

2. 支持的其他文件格式

在项目设计、管理时，用户经常会使用多种设计、管理工具来实现自己的意图，为了实现多软件环境的协同工作，Revit 提供了"导入""链接""导出"工具，可以支持 CAD、FBX、IFC、gbXML 等多种文件格式。用户可以根据需要进行有选择的导入和导出，如图 3-9 所示。

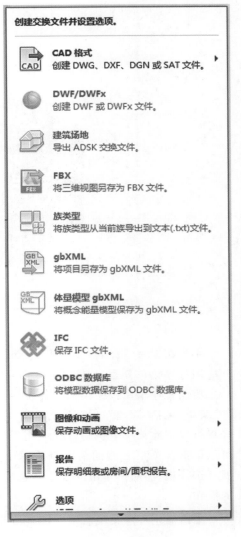

图 3-9　文件交换

3.2　Revit 基本操作

上一节介绍了 Revit 的基础概念。由于读者刚刚接触 Revit 软件，这些概念显得相当难以理解，即使读者不能理解这些概念也没关系，随着对 Revit 操作的熟练和理解的加深，这些概念会自然理解。接下来，将介绍 Revit 的基本操作和编辑工具。

3.2.1　用户界面

Revit 使用了 Ribbon 界面，用户可以根据自己的需要修改界面布局。例如，可以将功能区设置为 4 种显示设置之一。还可以同时显示若干个项目视图，或修改项目浏览器的默认位置。

图 3-10 为在项目编辑模式下 Revit 的界面形式。

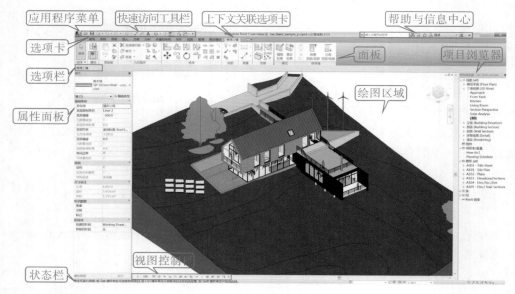

图 3-10　Revit 工作界面

1. 应用程序菜单

单击左上角"应用程序菜单"按钮  可以打开应用程序菜单列表，如图 3-11 所示。

应用程序菜单按钮类似于传统界面下的"文件"菜单，包括"新建""保存""打印""退出 Revit"等均可以在此菜单下执行。在应用程序菜单中，可以单击各菜单右侧的箭头查看每个菜单项的展开选择项，然后再单击列表中各选项执行相应的操作。

单击应用程序菜单右下角 选项 按钮，可以打开"选项"对话框。如图 3-12 所示，在"用户界面"选项卡中，用户可根据自己的工作需要自定义出现在功能区域的选项卡命令，并自定义快捷键。

小提示

在 Revit 中使用快捷键时直接按键盘对应字母即可，输入完成后无需输入空格或回车（注意与 AutoCAD 等软件的操作区别）。在本书后续章节，将对操作中使用到的每一个工具说明默认快捷键。

图 3-11　应用程序菜单

图 3-12　自定义快捷键

2. 功能区

功能区提供了在创建项目或族时所需要的全部工具。在创建项目文件时,功能区显示如图 3-13 所示。功能区主要由选项卡、工具面板和工具组成。

图 3-13　功能区

单击工具可以执行相应的命令,进入绘制或编辑状态。在本书后面章节中,会按选项卡、工具面板和工具的顺序描述操作中该工具所在的位置。例如,要执行"门"工具,将描述为"建筑"→"构件"→"门"。

如果同一个工具图标中存在其他工具或命令,则会在工具图标下方显示下拉箭头,单击该箭头,可以显示附加的相关工具。与之类似,如果在工具面板中存在未显示的工具,会在面板名称位置显示下拉箭头。图 3-14 为墙工具中包含的附加工具。

🖋 小提示

如果工具按钮中存在下拉箭头,直接单击工具将执行最常用的工具,即列表中第一个工具。

图 3-14　附加工具菜单

Revit 根据各工具的性质和用途,分别组织在不同的面板中。如图 3-15 所示,如果存在与面板中工具相关的设置选项,则会在面板名称栏中显示斜向箭头设置按钮。单击该箭头,可以打开对应的设置对话框,对工具进行详细的通用设定。

47

图 3-15　工具设置选项

用鼠标左键按住并拖动工具面板标签位置时,可以将该面板拖曳到功能区上其他任意位置,使之成为浮动面板。要将浮动面板返回到功能区,移动鼠标至面板之上,浮动面板右上角显示控制柄时,如图 3-16 所示,单击"将面板返回到功能区"符号即可将浮动面板重新返回工作区域。注意工具面板仅能返回其原来所在的选项卡中。

Revit 提供了三种不同的功能区面板显示状态。单击选项卡右侧的功能区状态切换符号 ,可以将功能区视图在显示完整的功能区、最小化到面板平铺、最小化至选项卡状态间循环切换。图 3-17 为最小化到面板平铺时功能区的显示状态。

图 3-16　面板返回到功能区按钮　　　图 3-17　功能区状态切换按钮

3. 快速访问工具栏

除可以在功能区域内单击工具或命令外,Revit 还提供了快速访问工具栏,用于执行最常用的命令。默认情况下快速访问工具栏包含的项目见表 3-1。

表 3-1　快速访问工具栏

快速访问工具栏项目	说明
（打开）	打开项目、族、注释、建筑构件或 IFC 文件
（保存）	用于保存当前的项目、族、注释或样板文件
（撤消）	用于在默认情况下取消上次的操作。显示在任务执行期间执行的所有操作的列表
（恢复）	恢复上次取消的操作。另外还可显示在执行任务期间所执行的所有已恢复操作的列表
（切换窗口）	点击下拉箭头,然后单击要显示切换的视图
（三维视图）	打开或创建视图,包括默认三维视图、相机视图和漫游视图
（同步并修改设置）	用于将本地文件与中心服务器上的文件进行同步
（定义快速访问工具栏）	用于自定义快速访问工具栏上显示的项目。要启用或禁用项目,请在"自定义快速访问工具栏"下拉列表上该工具的旁边单击

可以根据需要自定义快速访问栏中的工具内容,根据自己的需要重新排列顺序。例如,要在快速访问栏中创建墙工具,如图 3-18 所示,右键单击功能区"墙"工具,弹出快捷菜单中选择"添加到快速访问工具栏",即可将墙及其附加工具同时添加至快速访问栏中。使用类似的方式,在快速访问栏中右键单击任意工具,选择"从快速访问栏中删除",可以将工具从快速访问栏中移除。

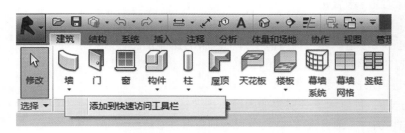

图 3-18　添加到快速访问工具栏

快速访问工具栏可以设置在功能区下方。在快速访问工具栏上单击"自定义快速访问工具栏"下拉菜单"在功能区下方显示",如图 3-19 所示。

单击"自定义快速访问工具栏"下拉菜单,在列表中选择"自定义快速访问工具栏"选项,将弹出如图 3-20 所示的"自定义快速访问工具栏"对话框。使用该对话框,可以重新排列快速访问栏中的工具显示顺序,并根据需要添加分隔线。勾选该对话框中的"在功能区下方显示快速访问工具栏"选项也可以修改快速访问栏的位置。

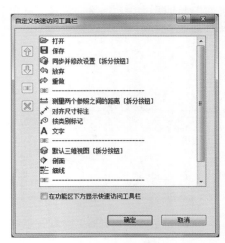

图 3-19　自定义快速访问工具栏　　　　图 3-20　"自定义快速访问工具栏"对话框

4. 选项栏

选项栏默认位于功能区下方,用于当前正在执行操作的细节设置。选项栏的内容比较类似于 AutoCAD 的命令提示行,其内容因当前所执行的工具或所选图元的不同而不同。图 3-21 为使用墙工具时,选项栏的设置内容。

图 3-21　选项栏

可以根据需要将选项栏移动到 Revit 窗口的底部，在选项栏上单击鼠标右键，然后选择"固定在底部"选项即可。

5. 项目浏览器

项目浏览器用于组织和管理当前项目中包括的所有信息，包括项目中所有视图、明细表、图纸、族、组、链接的 Revit 模型等项目资源。Revit 按逻辑层次关系组织这些项目资源，方便用户管理。展开和折叠各分支时，将显示下一层集的内容。图 3-22 为项目浏览器中包含的项目内容。项目浏览器中，项目类别前显示"[+]"表示该类别中还包括其他子类别项目。在 Revit 中进行项目设计时，最常用的操作就是利用项目浏览器在各视图中切换。

在 Revit 中，可以在项目浏览器对话框任意栏目名称上单击鼠标右键，在弹出右键菜单中选择"搜索"选项，打开"在项目浏览器中搜索"对话框，如图 3-23 所示。可以使用该对话框在项目浏览器中对视图、族及族类型名称进行查找定位。

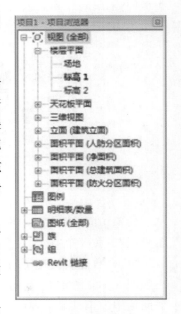

图 3-22　项目浏览器

在项目浏览器中，右键单击第一行"视图（全部）"，在弹出右键快捷菜单中选择"类型属性"选项，将打开项目浏览器的"类型属性"对话框，如图 3-24 所示。可以自定义项目视图的组织方式，包括排序方法和显示条件过滤器。

图 3-23　"在项目浏览器中搜索"对话框

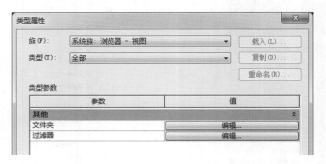

图 3-24　"类型属性"对话框

6. 属性面板

"属性"面板可以查看和修改用来定义 Revit 中图元实例属性的参数。属性面板各部分的功能如图 3-25 所示。

在任何情况下，按键盘快捷键"Ctrl＋1"，均可打开或关闭属性面板。还可以选择任意图元，单击上下文关联选项卡中 按钮；或在绘图区域中单击鼠标右键，在弹出的快捷菜单中选择"属性"选项将其打开。可以将属性面板固定到 Revit 窗口的任一侧，也可以将其拖拽到绘图区域的任意位置成为浮动面板。

图 3-25 "属性"面板

当选择图元对象时,属性面板将显示当前所选择对象的实例属性;如果未选择任何图元,则选项板上将显示活动视图的属性。

7. 绘图区域

Revit 窗口中的绘图区域显示当前项目的楼层平面视图以及图纸和明细表视图。在 Revit 中每当切换至新视图时,都在绘图区域创建新的视图窗口,且保留所有已打开的其他视图。

默认情况下,绘图区域的背景颜色为白色。在"选项"对话框"图形"选项卡中,可以设置视图中的绘图区域背景反转为黑色。如图 3-26 所示,使用"视图"→"窗口"→"平铺"或"层叠"工具,并可设置所有已打开视图排列方式为平铺、层叠等。

图 3-26 视图排列方式

8. 视图控制栏

在楼层平面视图和三维视图中,绘图区各视图窗口底部均会出现视图控制栏,如图 3-27 所示。

图 3-27 视图控制栏

通过控制栏,可以快速访问影响当前视图的功能,其中包括下列 12 个功能:比例、详细程度、视觉样式、打开/关闭日光路径、打开/关闭阴影、显示/隐藏渲染对话框、裁剪视图、显示/隐藏裁剪区域、解锁/锁定三维视图、临时隔离/隐藏、显示隐藏的图元、分析模型的可见性。在后面将详细介绍视图控制栏中各项工具的使用。

3.2.2　视图控制

1．项目视图种类

Revit 视图有很多种形式,每种视图类型都有特定用途,视图不同于 CAD 绘制的图纸,它是 Revit 项目中 BIM 模型根据不同的规则显示的投影。

常用的视图有平面视图、立面视图、剖面视图、详图索引视图、三维视图、图例视图、明细表视图等。同一项目可以有任意多个视图,例如,对于"1F"标高,可以根据需要创建任意数量的楼层平面视图,用于表现不同的功能要求,如"1F"梁布置视图、"1F"柱布置视图、"1F"房间功能视图、"1F"建筑平面图等。所有视图均根据模型剖切投影生成。

如图 3-28 所示,Revit 在"视图"选项卡"创建"面板中提供了创建各种视图的工具,也可以在项目浏览器中根据需要创建不同视图类型。

(1)楼层平面视图及天花板平面。楼层/结构平面视图及天花板视图是沿项目水平方向,按指定的标高偏移位置剖切项目生成的视图。大多数项目至少包含一个楼层/结构平面。楼层/结构平面视图在创建项目标高时默认可以自动创建对应的楼层平面视图(建筑样板创建的是楼层平面,结构样板创建的是结构平面);在立面中,已创建的楼层平面视图的标高标头显示为蓝色,无平面关联的标高标头是黑色。除使用项目浏览器外,在立面中可以通过双击蓝色标高标头进入对应的楼层平面视图;使用"视图"→"创建"→"平面视图"工具可以手动创建楼层平面视图。

在楼层平面视图中,当不选择任何图元时,"属性"面板将显示当前视图的属性。在"属性"面板中单击"视图范围"后的编辑按钮,将打开"视图范围"对话框,如图 3-29 所示。在该对话框中,可以定义视图的剖切位置。

图 3-28　视图工具

图 3-29　"视图范围"对话框

该对话框中,各主要功能介绍如下:

①视图主要范围。每个平面视图都具有"视图范围"视图属性,该属性也称为可见范围。视图范围是用于控制视图中模型对象的可见性和外观的一组水平平面,分别称"顶部平面""剖切面""底部平面"。顶部平面和底部平面用于制定视图范围最顶部和底部位置,剖切面是确定剖切高度的平面,这 3 个平面用于定义视图范围的"主要范围"。

②视图深度范围。"视图深度"是视图范围外的附加平面,可以设置视图深度的标高,以显示位于底裁剪平面之下的图元,默认情况下该标高与底部重合。"主要范围"的底不能超过"视图深度"设置的范围。

各深度范围图解如图 3 - 30 所示。

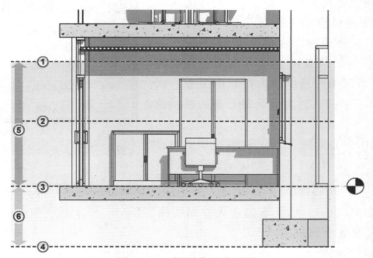

图 3 - 30　视图范围分层图

①—顶部；②—剖切面；③—底部；④—偏移量；⑤—主要范围；⑥—视图深度

③视图范围内图元样式设置（见图 3 - 31）。

图 3 - 31　"可见性/图形替换"对话框

"主要范围"内图元投影样式设置："可见性/图形"→"模型类别"→"投影/表面"选项内的对象样式设置。

"主要范围"内图元截面样式设置：视图→可见性图形设置→模型类别→"截面"选项内的对象样式设置。

"深度范围"内图元线样式设置：视图→可见性图形设置→模型类别→可见性→线

→〈超出〉。

天花板视图与楼层平面视图类似,同样沿水平方向指定标高位置对模型进行剖切生成投影。但天花板视图与楼层平面视图观察的方向相反:天花板视图为从剖切面的位置向上查看模型进行投影显示,而楼层平面视图为从剖切面位置向下查看模型进行投影显示。图3-32为天花板平面的视图范围定义。

图3-32 天花板平面视图范围定义

(2)立面视图。立面视图是项目模型在立面方向上的投影视图。在 Revit 中,默认每个项目将包含东、西、南、北4个立面视图,并在楼层平面视图中显示立面视图符号 ⊙ 。双击平面视图中立面标记中黑色小三角,会直接进入立面视图。Revit 允许用户在楼层平面视图或天花板视图中创建任意立面视图。

(3)剖面视图。剖面视图允许用户在平面、立面或详图视图中通过在指定位置绘制剖面符号线,在该位置对模型进行剖切,并根据剖面视图的剖切和投影方向生成模型投影。剖面视图具有明确的剖切范围,单击剖面标头即将显示剖切深度范围,可以通过鼠标自由拖拽。

(4)详图索引视图。当需要对模型的局部细节进行放大显示时,可以使用详图索引视图。可向平面视图、剖面视图、详图视图或立面视图中添加详图索引,这个创建详图索引的视图,被称之为"父视图"。在详图索引范围内的模型部分,将以详图索引视图中设置的比例显示在独立的视图中。详图索引视图显示父视图中某一部分的放大版本,且所显示的内容与原模型关联。

绘制详图索引的视图是该详图索引视图的父视图。如果删除父视图,则该详图索引视图也将删除。

(5)三维视图。使用三维视图,可以直观查看模型的状态。Revit 中三维视图分两种:正交三维视图和透视图。在正交三维视图中,不管相机距离的远近,所有构件的大小均相同,可以点击快速访问栏"默认三维视图"图标 ⬡ 直接进入默认三维视图,可以配合使用"Shift"键和鼠标中键根据需要灵活调整视图角度,如图3-33所示。

如图3-34所示,使用"视图"→"创建"→"三维视图"→"相机"工具创建相机视图。在透视三维视图中,越远的构件显示得越小,越近的构件显示得越大,这种视图更符合人眼的观察视角。

2. 视图基本操作

可以通过鼠标、ViewCube 和视图导航来实现对 Revit 视图进行平移、缩放等操作。在平面、立面或三维视图中,通过滚动鼠标中键可以对视图进行缩放;按住鼠标中键并拖动,可以实现视图的平移。在默认三维视图中,按住键盘"Shift"键并按住鼠标中键拖动鼠标,可以实现对三维视图的旋转。注意,视图旋转仅对三维视图有效。

在三维视图中,Revit 还提供了 ViewCube,用于实现对三维视图的控制。

ViewCube 默认位于屏幕右上方,如图3-35所示。通过单击 ViewCube 的面、顶点或边,可以在模型的各立面、等轴测视图间进行切换。用鼠标左键按住并拖拽 ViewCube 下方

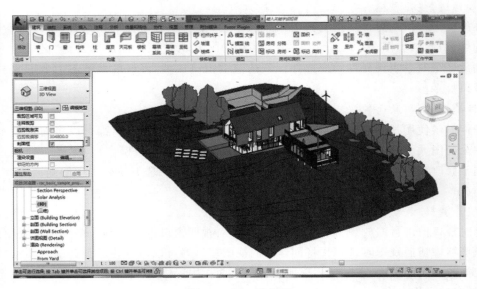

图 3-33 三维视图

的圆环指南针,还可以修改三维视图的方向为任意方向,其作用
与按住键盘"Shift"键和鼠标中键并拖拽的效果类似。

为更加灵活地进行视图缩放控制,Revit 提供了"导航栏"工
具条,如图 3-36 所示。默认情况下,导航栏位于视图右侧
ViewCube 下方,如图 3-37 所示。在任意视图中,都可通过导
航栏对视图进行控制。

导航栏主要提供两类工具:视图平移查看工具和视图缩放
工具。单击导航栏中上方第一个圆盘图标,将进入全导航控制
盘控制模式,如图 3-38 所示,导航控制盘将跟随鼠标指针的移
动而移动。全导航盘中提供"缩放""平移""动态观察(视图旋
转)"等命令,移动鼠标指针至导航盘中命令位置,按住左键不动
即可执行相应的操作。

图 3-34 相机视图工具

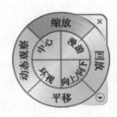

图 3-35 ViewCube 　图 3-36 "导航栏"工具 　图 3-37 激活导航栏 　图 3-38 全导航控制盘

55

【快捷键】显示或隐藏导航盘的快捷键为"Shift+W"。

导航栏中提供的另外一个工具为"缩放"工具,单击缩放工具下拉列表,可以查看Revit提供的缩放选项,如图3-39所示。在实际操作中,最常使用的缩放工具为"区域放大",使用该缩放命令时,Revit允许用户选择任意的范围窗口区域,将该区域范围内的图元放大至充满视口显示。

【快捷键】区域放大的快捷键为ZR。

任何时候使用视图控制栏缩放列表中"缩放全部以匹配"选项,都可以将缩放显示当前视图中全部图元。在Revit 2016中,双击鼠标中键,也会执行该操作。

用于修改窗口中的可视区域。用鼠标点击下拉箭头,勾选下拉列表中的缩放模式,就能实现缩放。

【快捷键】缩放全部以匹配的默认快捷键为ZF。

除对视口中进行缩放、平移、旋转外,还可以对视图窗口进行控制。前面已经介绍过,在项目浏览器中切换视图时,Revit将创建新的视图窗口。可以对这些已打开的视图窗口进行控制。如图3-40所示,在"视图"选项卡"窗口"面板中提供了"平铺""切换窗口""关闭隐藏对象"等窗口操作命令。

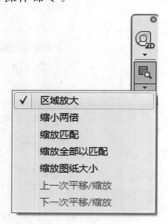

图3-39　缩放工具　　　　　　　　　　图3-40　窗口操作命令

使用"平铺",可以同时查看所有已打开的视图窗口,各窗口将以合适的大小并列显示。在非常多的视图中进行切换时,Revit将打开非常多的视图。这些视图将占用大量的计算机内存资源,造成系统运行效率下降。可以使用"关闭隐藏对象"命令一次性关闭所有隐藏的视图,节省项目消耗系统资源。注意"关闭隐藏对象"工具不能在平铺、层叠视图模式下使用。切换窗口工具用于在多个已打开的视图窗口间进行切换。

【快捷键】窗口平铺的默认快捷键为WT;窗口层叠的快捷键为WC。

3. 视图显示及样式

通过视图控制栏(见图3-41),可以对视图中的图元进行显示控制。视图控制栏从左至右分别为:视图比例、视图详细程度、视觉样式、打开/关闭日光路径、阴影、渲染(仅三维视图)、视图裁剪控制、视图显示控制选项。注意由于在Revit中各视图均采用独立的窗口显示,因此,在任何视图中进行视图控制栏的设置,均不会影响其他视图的设置。

(1)比例。视图比例用于控制模型尺寸与当前视图显示之前的关系。如图 3 - 42 所示，单击视图控制栏 **1 ： 100** 按钮，在比例列表中选择比例值即可修改当前视图的比例。注意无论视图比例如何调整，均不会修改模型的实际尺寸，仅会影响当前视图中添加的文字、尺寸标注等注释信息的相对大小。Revit 允许为项目中的每个视图指定不同比例，也可以创建自定义视图比例。

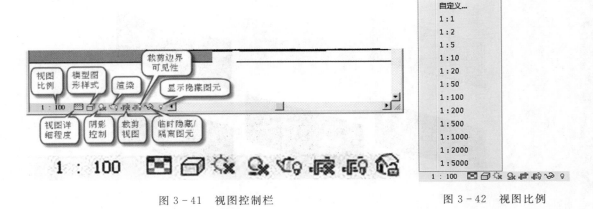

图 3 - 41　视图控制栏　　　　　　　　　　　　　　　图 3 - 42　视图比例

(2)详细程度。Revit 提供了三种视图详细程度：粗略、中等、精细。Revit 中的图元可以在族中定义在不同视图详细程度模式下要显示的模型。如图 3 - 43 所示，在门族中分别定义"粗略""中等""精细"模式下图元的表现。Revit 通过视图详细程度控制同一图元在不同状态下的显示，以满足出图的要求。例如，在平面布置图中，平面视图中的窗可以显示为四条线；但在窗安装大样中，平面视图中的窗将显示为真实的窗截面。

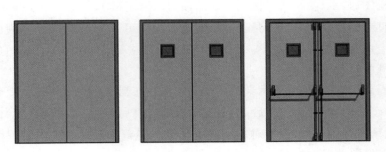

图 3 - 43　视图详细程度

(3)视觉样式。视觉样式用于控制模型在视图中的显示方式。如图 3 - 44 所示，Revit 提供了六种显示视觉样式："线框""隐藏线""着色""一致的颜色""真实""光线追踪"。显示效果逐渐增强，但所需要系统资源也越来越大。一般平面或剖面施工图可设置为线框或隐藏线模式，这样系统消耗资源较小，项目运行较快。

图 3 - 44　视觉样式选项

"线框"模式是显示效果最差但速度最快的一种显示模式。"隐藏线"模式下，图元将做遮挡计算，但并不显示图元的材质颜色；"着色"模式和"一致的颜色"模式都将显示对象材质"着色颜色"中定义的色彩,"着色"模式将根据光线设置显示图元明暗关系,"一致的颜色"模式下,图元将不显示明暗关系。

"真实"模式和材质定义中"外观"选项参数有关,用于显示图元渲染时的材质纹理。光线追踪模式将对视图中的模型进行实时渲染,效果最佳,但将消耗大量的计算机资源。

图3-45为在默认三维视图中同一段墙体在6种不同模式下的不同表现。

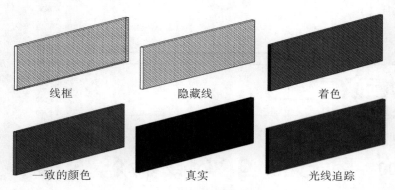

图3-45　不同模式的视觉样式

在本书后续章节中,将详细介绍如何自定义图元的材质。读者可参考相关章节内容,以便加深对本节所述内容的理解。

(4)打开/关闭日光路径、打开/关闭阴影。在视图中,可以通过打开/关闭阴影开关在视图中显示模型的光照阴影,增强模型的表现力。在日光路径按钮中,还可以对日光进行详细设置。

(5)裁剪视图、显示/隐藏裁剪区域。视图裁剪区域定义了视图中用于显示项目的范围,由两个工具组成:是否启用裁剪及是否显示剪裁区域。可以单击 按钮在视图中显示裁剪区域,再通过启用裁剪按钮将视图剪裁功能启用,通过拖拽裁剪边界,对视图进行裁剪。裁剪后,裁剪框外的图元不显示。

(6)临时隔离/隐藏选项和显示隐藏的图元选项。在视图中可以根据需要临时隐藏任意图元。如图3-46所示,选择图元后,单击临时隐藏或隔离图元(或图元类别)命令 ,将弹出隐藏或隔离图元选项,可以分别对所选择图元进行隐藏和隔离。其中隐藏图元选项将隐藏所选图元;隔离图元选项将在视图隐藏所有未被选定的图元。可以根据图元(所有选择的图元对象)或类别(所有与被选择的图元对象属于同一类别的图元)的方式对图元的隐藏或隔离进行控制。

图3-46　隐藏图元选项

　　所谓临时隐藏图元是指当关闭项目后,重新打开项目时被隐藏的图元将恢复显示。视图中临时隐藏或隔离图元后,视图周边将显示蓝色边框。此时,再次单击隐藏或隔离图元命令,可以选择"重设临时隐藏/隔离"选项恢复被隐藏的图元。或选择"将隐藏/隔离应用到视图"选项,此时视图周边蓝色边框消失,将永久隐藏不可见图元,即无论任何时候,图元都将不再显示。

　　要查看项目中隐藏的图元,如图 3－47 所示,可以单击视图控制栏中显示隐藏的图元 命令。Revit 将会显示彩色边框,所有被隐藏的图元均会显示为亮红色。

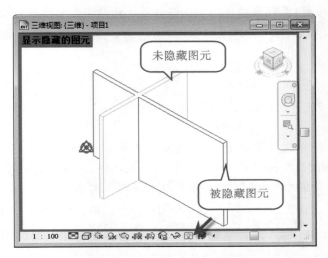

图 3－47　查看项目中隐藏的图元

　　如图 3－48 所示,单击选择被隐藏的图元,点击"显示隐藏的图元"→"取消隐藏图元"选项可以恢复图元在视图中的显示。注意恢复图元显示后,务必单击"切换显示隐藏图元模式"按钮或再次单击视图控制栏 按钮返回正常显示模式。

图 3－48　恢复显示被
隐藏的图元

🖋 **小提示**

　　也可以在选择隐藏的图元后单击鼠标右键,在右键菜单中选择"取消在视图中隐藏"→"按图元",取消图元的隐藏。

　　(7)显示/隐藏渲染对话框(仅三维视图才可使用)。单击该按钮,将打开渲染对话框,以便对渲染质量、光照等进行详细的设置。Revit 采用 Mental Ray 渲染器进行渲染。本书后续章节中,将介绍如何在 Revit 中进行渲染。读者可以参考相关章节的内容。

　　(8)解锁/锁定三维视图(仅三维视图才可使用)。如果需要在三维视图中进行三维尺寸标注及添加文字注释信息,需要先锁定三维视图。单击该工具将创建新的锁定三维视图。锁定的三维视图不能旋转,但可以平移和缩放。在创建三维详图大样时,将使用该方式。

　　(9)分析模型的可见性。临时仅显示分析模型类别:结构图元的分析线会显示一个临时视图模式,隐藏项目视图中的物理模型并仅显示分析模型类别,这是一种临时状态,并不会随项目一起保存,清除此选项则退出临时分析模型视图。

3.2.3　图元基本操作

1. 图元选择

在 Revit 中,要对图元进行修改和编辑,必须选择图元。在 Revit 中可以使用 4 种方式进行图元的选择,即点选、框选、特性选择、过滤器选择。

(1)点选。移动鼠标至任意图元上,Revit 将高亮显示该图元并在状态栏中显示有关该图元的信息,单击鼠标左键将选择被高亮显示的图元。在选择时如果多个图元彼此重叠,可以移动鼠标至图元位置,循环按键盘"Tab"键,Revit 将循环高亮预览显示各图元,当要选择的图元高亮显示后单击鼠标左键将选择该图元。

小提示

按"Shift+Tab"键可以按相反的顺序循环切换图元。

如图 3-49 所示,要选择多个图元,可以按住键盘"Ctrl"键后,再次单击要添加到选择集中的图元;如果按住键盘"Shift"键单击已选择的图元,将从选择集中取消该图元的选择。

Revit 中,当选择多个图元时,可以将当前选择的图元选择集进行保存,保存后的选择集可以随时被调用。如图 3-50 所示,选择多个图元后,单击"选择"→ 保存 按钮,即可弹出"保存选择"对话框,输入选择集的名称,即可保存该选择集。要调用已保存的选择集,单击"管理"→"选择"→ 载入 按钮,将弹出"恢复过滤器"对话框,在列表中选择已保存的选择集名称即可。

图 3-49　选择多个图元　　　　　图 3-50　保存选择

(2)框选。将光标放在要选择的图元一侧,并对角拖拽光标以形成矩形边界,可以绘制选择范围框。当从左至右拖拽光标绘制范围框时,将生成"实线范围框"。被实线范围框全部位包围的图元才能选中;当从右至左拖拽光标绘制范围框时,将生成"虚线范围框",所有被完全包围或与范围框边界相交的图元均可被选中,如图 3-51 所示。

(3)特性选择。鼠标左键单击图元,选中后高亮显示;再在图元上单击鼠标右键,用"选择全部实例"工具,在项目或视图中选择某一图元或族类型的所有实例。有公共端点的图元,在连接的构件上单击鼠标右键,然后单击"选择连接的图元",能把这些同端点链接的图元一起选中,如图 3-52 所示。

图 3-51　框选

图 3-52　特性选择

（4）过滤器选择。选择多个图元对象后，单击状态栏过滤器 ，能查看到图元类型，在"过滤器"对话框中，选择或取消部分图元的选择，如图 3-53 所示。

2. 图元编辑

如图 3-54 所示，在修改面板中，Revit 提供了"修改""移动""复制""镜像""旋转"等命令，利用这些命令可以对图元进行编辑和修改操作。

（1）移动 ✛：："移动"命令能将一个或多个图元从一个位置移动到另一个位置。移动的时候，可以选择图元上某点或某线来移动，也可以在空白处随意移动。

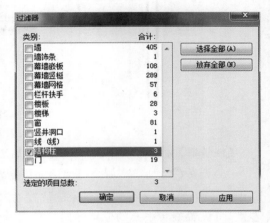
图 3-53　过滤器选择

【快捷键】移动命令的默认快捷键为 MV。

（2）复制 ：："复制"命令可复制一个或多个选定图元，并生成副本。点选图元，复制时，选项栏如图 3-55 所示。可以通过勾选"多个"选项实现连续复制图元。

图 3-54　图元编辑面板

图 3-55　关联选项栏

【快捷键】复制命令的默认快捷键为 CO。

（3）阵列复制 ：："阵列"命令用于创建一个或多个相同图元的线性阵列或半径阵列。在族中使用"阵列"命令，可以方便地控制阵列图元的数量和间距，如百叶窗的百叶数量和间距。阵列后的图元会自动成组，如果要修改阵列后的图元，需进入编辑组命令，然后才能对成组图元进行修改。

【快捷键】阵列复制命令的默认快捷键为 AR。

（4）对齐 ：："对齐"命令将一个或多个图元与选定位置对齐。如图 3-56 所示，对齐操作时，要求先单击选择对齐的目标位置，再单击选择要移动的对象图元，选择的对象将自动对齐至目标位置。对齐工具可以以任意的图元或参照平面为目标,在选择墙对象图元时,还可以在选项栏中指定首选的参照墙的位置;要将多个对象对齐至目标位置,在选项栏中勾选"多重对齐"选项即可。

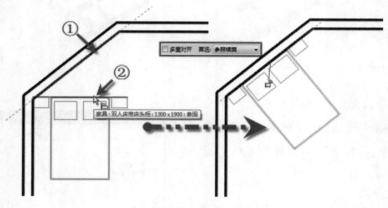

图 3-56 对齐操作

【快捷键】对齐工具的默认快捷键为 AL。

(5)旋转 ◯:"旋转"命令可使图元绕指定轴旋转。默认旋转中心位于图元中心,如图 3-57 所示,移动鼠标至旋转中心标记位置,按住鼠标左键不放将其拖拽至新的位置松开鼠标左键,可设置旋转中心的位置。然后单击确定起点旋转角边,再确定终点旋转角边,就能确定图元旋转后的位置。在执行旋转命令时,勾选选项栏中"复制"选项可在旋转时创建所选图元的副本,而在原来位置上保留原始对象。

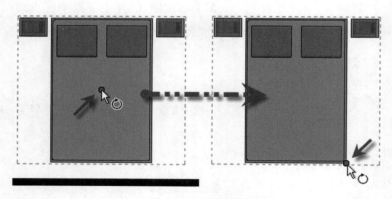

图 3-57 旋转操作

【快捷键】旋转命令的默认快捷键为 RO。

(6)偏移 ᇈ:"偏移"命令可以生成与所选择的模型线、详图线、墙或梁等图元进行复制或在与其长度垂直的方向移动指定的距离。如图 3-58 所示,可以在选项栏中指定拖拽图形方式或输入距离数值方式来偏移图元。不勾选复制时,生成偏移后的图元时将删除原图元(相当于移动图元)。

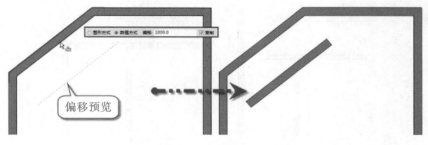

图 3 - 58   偏移操作

【**快捷键**】偏移命令的默认快捷键为 OF。

(7)镜像 ：“镜像”命令使用一条线作为镜像轴,对所选模型图元执行镜像(反转其位置)。确定镜像轴时,既可以拾取已有图元作为镜像轴,也可以绘制临时轴。通过选项栏,可以确定镜像操作时是否需要复制原对象。

(8)修剪和延伸:如图 3 - 59 所示,修剪和延伸共有 3 个工具,从左至右分别为修剪/延伸为角、单个图元修剪和多个图元修剪工具。

图 3 - 59   修剪和延伸工具

【**快捷键**】修剪并延伸为角命令的默认快捷键为 TR。

如图 3 - 60 所示,使用“修剪”和“延伸”命令时必须先选择修剪或延伸的目标位置,然后选择要修剪或延伸的对象即可。对于多个图元的修剪工具,可以在选择目标后,多次选择要修改的图元,这些图元都将延伸至所选择的目标位置。可以将这些工具用于墙、线、梁或支撑等图元的编辑。对于 MEP 中的管线,也可以使用这些工具进行编辑和修改。

🖋 **小提示**

在修剪或延伸编辑时,鼠标单击拾取的图元位置将被保留。

(9)拆分图元 ：拆分工具有两种使用方法,即拆分图元和用间隙拆分。通过“拆分”命令,可将图元分割为两个单独的部分,可删除两个点之间的线段,也可在两面墙之间创建定义的间隙。

(10)删除图元 ：“删除”命令可将选定图元从绘图中删除,和用 Delete 命令直接删除效果一样。

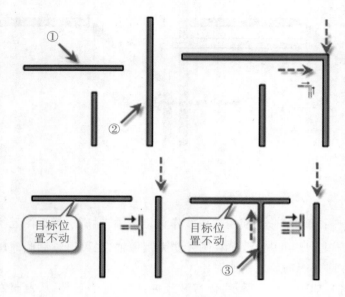

图 3-60　修剪、延伸操作

【快捷键】删除命令的默认快捷键为 DE。

3. 图元限制及临时尺寸

(1)尺寸标注的限制条件。在放置永久性尺寸标注时,可以锁定这些尺寸标注。锁定尺寸标注时,即创建了限制条件。选择限制条件的参照时,会显示该限制条件(蓝色虚线),如图 3-61 所示。

(2)相等限制条件。选择一个多段尺寸标注时,相等限制条件会在尺寸标注线附近显示为一个"EQ"符号。如果选择尺寸标注线的一个参照(如墙),则会出现"EQ"符号,在参照的中间会出现一条蓝色虚线,如图 3-62 所示。

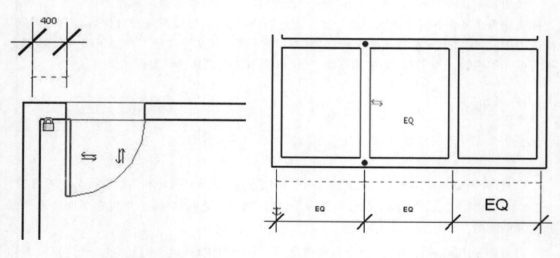

图 3-61　尺寸标注限制　　　　　　　　　图 3-62　相等限制

"EQ"符号表示应用于尺寸标注参照的相等限制条件图元。当此限制条件处于活动状态时,参照(以图形表示的墙)之间会保持相等的距离。如果选择其中一面墙并移动它,则所有墙都将随之移动一段固定的距离。

(3)临时尺寸。临时尺寸标注是相对最近的垂直构件进行创建的,并按照设置值进行递增。点选项目中的图元,图元周围就会出现蓝色的临时尺寸,修改尺寸上的数值,就可以修改图元位置。可以通过移动尺寸界线来修改临时尺寸标注,以参照所需构件,如图 3-63 所示。

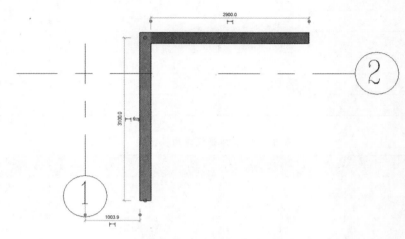

图 3-63 临时尺寸

单击在临时尺寸标注附近出现的尺寸标注符号 ⊢⊣,然后即可修改新尺寸标注的属性和类型。

3.2.4 快捷操作命令

1. 常用快捷键

为提高工作效率,汇总常用快捷键见表 3-2 至表 3-5,用户在任何时候都可以通过键盘输入快捷键直接访问至指定工具。

表 3-2 建模与绘图工具常用快捷键

命令	快捷键	命令	快捷键
墙	WA	对齐标注	DI
门	DR	标高	LL
窗	WN	高程点标注	EL
放置构件	CM	绘制参照平面	RP
房间	RM	模型线	LI
房间标记	RT	按类别标注	TG
轴线	GR	详图线	DL
文字	TX		

表 3-3　编辑修改工具常用快捷键

命令	快捷键	命令	快捷键
删除	DE	对齐	AL
移动	MV	拆分图元	SL
复制	CO	修剪/延伸	TR
旋转	RO	偏移	OF
定义旋转中心	R3	在整个项目中选择全部实例	SA
列阵	AR	重复上一个命令	RC
镜像、拾取轴	MM	匹配对象类型	MA
创建组	GP	线处理	LW
锁定位置	PP	填色	PT
解锁位置	UP	拆分区域	SF

表 3-4　捕捉替代常用快捷键

命令	快捷键	命令	快捷键
捕捉远距离对象	SR	捕捉到远点	PC
像限点	SQ	点	SX
垂足	SP	工作平面网格	SW
最近点	SN	切点	ST
中点	SM	关闭替换	SS
交点	SI	形状闭合	SZ
端点	SE	关闭捕捉	SO
中心	SC		

表 3-5　视图控制常用快捷键

命令	快捷键	命令	快捷键
区域放大	ZR	临时隐藏类别	RC
缩放配置	ZF	临时隔离类别	IC
上一次缩放	ZP	重设临时隐藏	HR
动态视图	F8	隐藏图元	EH
线框显示模式	WF	隐藏类别	VH
隐藏线显示模式	HL	取消隐藏图元	EU
带边框着色显示模式	SD	取消隐藏类别	VU
细线显示模式	TL	切换显示隐藏图元模式	RH
视图图元属性	VP	渲染	RR
可见性图形	VV	快捷键定义窗口	KS
临时隐藏图元	HH	视图窗口平铺	WT
临时隔离图元	HI	视图窗口层叠	WC

2. 自定义快捷键

除了系统自带的快捷键外，Revit 用户亦可以根据自己的习惯修改其中的快捷键命令。下面以修改"墙"定义快捷键"M"为例，来详细讲解如何在 Revit 中自定义快捷键。

(1)如图 3-64 所示，单击"视图"→"窗口"→"用户界面"→"快捷键"选项，如图 3-65 所示，打开"快捷键"对话框。

图 3-64　自定义快捷键

(2)如图 3-66 所示，在"搜索"文本框中，输入要定义快捷键的命令的名称"门"，将列出名称中所显示的"门"的命令或通过"过滤器"下拉框找到要定义的快捷键的命令所在的选项卡，来过滤显示该选项卡中的命令列表内容。

(3)在"指定"列表中，第一步选择所需命令"门"，第二步在"按新建"文本框中输入快捷键字符"M"，第三步单击 **⊹指定(A)** 按钮。新定义的快捷键将显示在选定命令的"快捷方式"列，如图 3-67 所示。

(4)如果自定义的快捷键已被指定给其他命令，则会弹出"快捷方式重复"对话框，如图 3-68 所示，通知指定的快捷键已指定给其他命令。单击"确定"按钮忽略提示，按"取消"按钮重新指定所选命令的快捷键。

图 3-65　打开自定义
快捷键命令

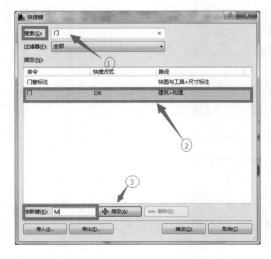

图 3-66　"快捷键"对话框搜索

图 3-67　"快捷键"对话框指定

(5)如图 3-69 所示，单击"快捷键"对话框底部 **导出(E)...** 按钮，弹出"导出快捷键"对话框，如图 3-70 所示，输入要导出的快捷键文件名称，单击 **保存(S)** 按钮可以将所有自已定义的快捷键保存为 .xml 格式的数据文件。

图 3 - 68 "快捷方式重复"提示　　　　　　　　图 3 - 69 "导出快捷键"对话框

图 3 - 70 保存"快捷键"

（6）当重新安装 Revit 2016 时，可以通过"快捷键"对话框底部的"导入"工具，导入已保存的".xml"格式快捷键文件。同一命令可以指定给多个不同的快捷键。

第4章 Revit 模型的创建

教学导入

从本章开始，将在 Revit 2016 中进行操作，以软件自带项目案例为蓝本，从零开始创建基本建筑模型。对项目案例构件的建模命令、思路、流程进行阐述和实操，使读者建立模型概念、熟悉建模操作，为后续专业应用打下基础。

学习要点

- 构件的创建
- 构件的编辑

4.1 案例概述

4.1.1 项目概况

安装 Autodesk Revit 2016 软件后，打开软件界面，如图 4-1 所示，可直接看到 Revit 软件自带的项目案例与族案例图样，其项目文件储存在"用户选择的 Revit 软件安装目录（如 C:program Files(X86)）→Autodesk→Revit Copernicus→Samples"文件夹下。本章节选择"建筑样例项目"（即 rac_basic_sample_project. rvt）为案例进行讲述，如图 4-2 所示。

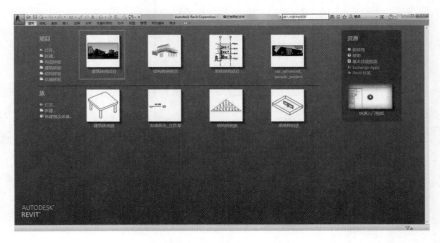

图 4-1　Revit 2016 界面

该建筑样例为一普通二层小别墅项目，总建筑面积约为 283. 674m²，其中一层面积为 182. 04m²，二层面积为 101. 6m²。该建筑样例中已建立了基本的 Revit 模型（包含标高、轴网、视图、柱、墙、板、天花板、屋顶、门窗、栏杆、家具、场地等），方便读者直接查看已建立的模型参数并用于建模参考；除此以外，本案例还包含了对模型的进一步的应用，如房间标记、生

图 4 - 2　小别墅项目

成明细表、渲染、生成图纸等，可基本掌握对该软件常用命令的充分认知，因而本章节选择在该案例的基础上直接进行命令讲解与拓展训练的学习。

4.1.2　项目流程

对于 Revit 项目建模，通常包括以下流程，如图 4 - 3 所示。

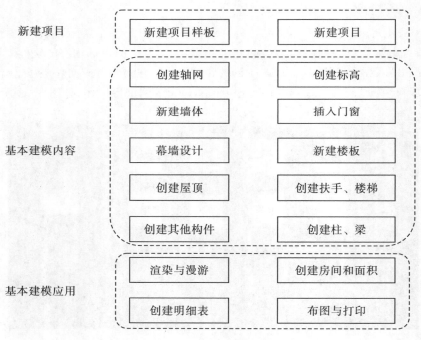

图 4 - 3　基本建模流程

对于整个建模过程分为新建项目、基本建模内容、基本建模应用三大板块，其中新建项目主要是新建项目样板和项目，包括项目的单位、标注、位置等的基本设置以及样板版本的统一；基本建模内容主要是对项目中的构件依次建模；基本建模应用则是通过对建立的模型进行渲染出效果图，创建房间与明细表从而对材料进行统计，并且可直接出设计图并打印。

4.2 项目准备

任何项目开始前,都需要在前期进行基本设置的准备工作,从而使得各绘图人员做到设计项目单位、对象样式、线型图案、项目位置、项目标注、其他等设置统一,如图 4-4 所示,在"管理"选项卡中可对进行各类基本设置。

图 4-4 "管理"选项卡

4.2.1 项目单位设置

切换到"管理"选项卡→"设置"面板→单击"项目单位 ▨ "命令,弹出"项目单位"设置对话框,如图 4-5 所示。项目单位可依据不同的规程进行项目单位的设置,当在"视图属性"中修改规程时,对应的会采用所设置的项目单位,如图 4-6 所示。

图 4-5 "项目单位"设置对话框　　图 4-6 "视图属性"修改

目前软件可设置的单位包括长度、面积、体积、角度、坡度、货币、质量密度,单击要修改单位的格式凸显框,弹出对应单位可修改的格式信息,如长度可修改单位、舍入位数、是否带单位符号等。

4.2.2 项目位置设置

项目新建样板时,都需要对项目坐标位置进行统一设置。通过对项目地理位置的定位,得到气象等信息,便于后期的相关分析与模拟。项目位置如图 4-7 所示,可打开"管理"选项卡→"项目位置"面板进行设置。

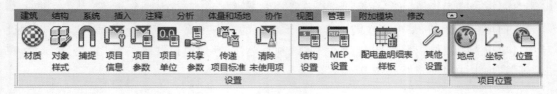

图4-7 "项目位置"面板

单击"地点"按钮,切换至"默认城市列表",选择"北京,中国"。或者如果PC电脑处于连网状态,则软件会通过Bing地图服务显示互动的地图。其他的天气和场地用户可自定义进行设置。

4.2.3 其他基本设置

除了上述的设置外,还可对项目中的材质、尺寸标注、捕捉、项目信息、项目参数、共享参数、传递项目标准及清除未使用项等进行设置。

(1)材质设置 ⊛:可对项目中所涉及的各构件的材质进行标识、图形、外观、物理与热度的设置。一般在构件属性编辑器中也可对构件的材质进行编辑。

(2)项目标注:如图4-8主要是针对标记族的设置,如剖面索引、立面和剖面视图及箭头标记符号的设置,以及使用临时尺寸标注时默认的测量起点与终点,如图4-9所示。

临时尺寸标注属性

临时尺寸标注测量自:

墙
○ 中心线(C)   ○ 面(F)
○ 核心层中心(E)   ● 核心层的面(A)

门和窗
○ 中心线(L)   ● 洞口(O)

[确定] [取消]

图4-8 标记族设置   图4-9 临时尺寸标注属性设置

(3)捕捉设置 ⋒:用于设置捕捉增量,以及启用或禁用捕捉点,其功能类似于CAD的捕捉设置。

(4)项目信息 :用于指定能量数据、项目状态和客户信息,某些项目信息值可直接显示在图纸的标题栏中。通过对"共享参数"的使用,可将自定义字段添加至项目信息中。

(5)项目参数 与共享参数 :两者皆为用于项目图元的参数,并在明细表中使用。区别在于项目参数仅限于本项目,不能与其他项目或族共享;而共享参数存储于一个独立于任何族文件或项目的文件中,可为族文件或项目添加尚未定义的特定数据。

（6）传递项目标准 ![icon]：用于传递不同项目间的数据标准，避免由于数据标准的差异影响绘图效果，包括族类型、线宽、材质、视图样板和对象样式等项目标准。

4.3 标高和轴网的创建

4.3.1 创建标高

标高用来定义楼层层高及生成平面视图，反映建筑物构件在竖向的定位情况，在 Revit 中开始进行建模前，应先对项目的层高和标高信息作出整体规划。标高不是必须作为楼层层高，其标高符号样式可定制修改。

下面以案例项目为例，介绍 Revit 中创建项目标高的一般步骤。

如图 4-10 所示，点击"新建"→"项目"，打开 Revit 2016 默认的"建筑样板"。在 Revit 中，"标高"命令必须在立面和剖面视图中才能使用，因此在正式开始项目设计前，必须事先打开一个立面视图，如南立面。在立面视图中将默认样板中的标高 1 和标高 2 均修改为 1F 和 2F，其中 2F 的标高为"4.000"，如图 4-11 所示，单击标高符号中的高度值，可输入"3.5"，则 2F 的楼层高度改为 3.5m，如图 4-12 所示。

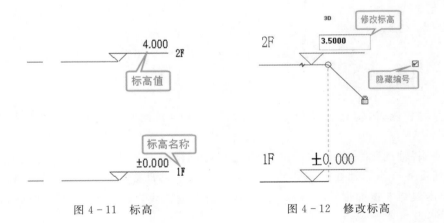

图 4-10 打开默认建筑样板

图 4-11 标高

图 4-12 修改标高

除了直接修改标高值，还可通过临时尺寸标注修改两标高间的距离。单击"2F"，蓝显后在 1F 与 2F 间会出现一条蓝色临时尺寸标注如图 4-13 所示，此时直接单击临时尺寸上的标注值，即可重新输入新的数值，该值单位为"mm"，与标高值的单位"m"不同，读者要注意区别。

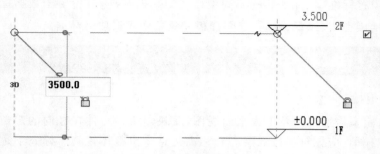

图 4-13 调整标高

绘制标高 3：单击"建筑"选项卡→"基准"面板→"标高"命令，移动光标到视图中"2F"左端标头上方 3000mm 处，当出现绿色标头对齐虚线时，单击鼠标左键捕捉标高起点。向右拖动鼠标，直到再次出现绿色标头对齐虚线，单击鼠标完成新楼层的绘制，并将其重命名为"3F"。

4.3.2 创建轴网

轴网用于构件定位，在 Revit 中轴网只需要在任意一个平面视图中绘制一次，其他平面和立面、剖面视图中都将自动显示。

在项目浏览器中双击"楼层平面"项下的"1F"视图，打开"楼层平面：1F"视图。选择"建筑"选项卡→"基准"面板→"轴网"命令或快捷键 GR 进行绘制。

在视图范围内单击一点后，垂直向上移动光标到合适距离再次单击，绘制第一条垂直轴线，轴号为 1。利用复制命令创建 2—7 号轴网。选择 1 号轴线，单击"修改"面板的"复制"命令，在 1 号轴线上单击捕捉一点作为复制参考点，然后水平向右移动光标，输入间距值 1200 后，单击一次鼠标复制生成 2 号轴线。保持光标位于新复制的轴线右侧，分别输入 3900、2800、1000、4000、600 后依次单击确认，绘制 3—7 号轴线，完成结果如图4-14所示。

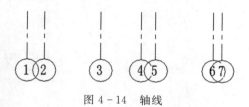

图 4-14 轴线

使用复制功能时，勾选选项栏中的"约束"，可使得轴网垂直复制，"多个"可单次连续复制。

继续使用"轴网"命令绘制水平轴线，移动光标到视图中 1 号轴线标头左上方位置，单击鼠标左键捕捉一点作为轴线起点。然后从左向右水平移动光标到 7 号轴线右侧一段距离后，再次单击鼠标左键捕捉轴线终点，创建第一条水平轴线。选择该水平轴线，修改标头文字为"A"，创建 A 号轴线。

同上绘制水平轴线步骤，利用"复制"命令，创建 B—E 号轴线。移动光标在 A 号轴线上单击捕捉一点作为复制参考点，然后垂直向上移动光标，保持光标位于新复制的轴线上侧，分别输入 2900、3100、2600、5700 后依次单击确认，完成复制。

重新选择 A 号轴线进行复制，垂直向上移动光标，输入值 1300，单击鼠标绘制轴线，选择新建的轴线,修改标头文字为"1/A"。完成后的轴网如图 4-15 所示。

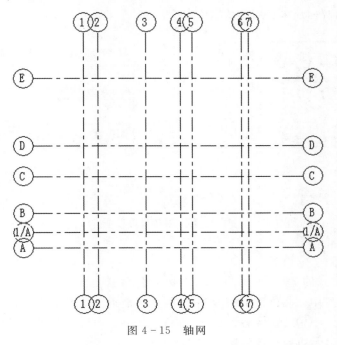

图 4-15　轴网

4.4　墙体的创建

墙体是建筑设计中的重要组成部分,在实际工程中墙体根据材质、功能也分多种类型,如隔墙、防火墙、叠层墙、复合墙、幕墙等,因此在绘制时,需要综合考虑墙体的高度、厚度、构造做法、图纸粗略、精细程度的显示、内外墙体区别等。随着高层建筑的不断涌现,幕墙以及异形墙体的应用越来越多,而通过Revit 能有效建立出直观的三维信息模型。

4.4.1　绘制墙体

进入平面视图中,单击"建筑"选项卡→"构建"面板→"墙"的下拉按钮,如图 4-16 所示。有"建筑墙""结构墙""面墙""墙饰条""墙分隔缝"五种选择,"墙饰条"和"墙分隔缝"只有在三维的视图下才能激活亮显,用于墙体绘制完后添加。其他墙可以从字面上来理解,建筑墙主要是用于分割空间,不承重;结构墙用于承重以及抗剪作用;面墙主要用于体量或常规模型创建墙面。

图 4-16　"墙"的下拉按钮

单击选择"墙:建筑"后,在选项卡中出现 **修改 | 放置 墙** 上下文选项卡,面板中出现墙体的绘制方式如图 4-17 所示,属性栏将由视图"属性"框转变为墙"属性",如图 4-18 所示,以及选项栏也变为墙体设置选项,如图 4-19 所示。

绘制墙体需要先选择绘制方式,如直线、矩形、多边形、圆形、弧形等,如果有导入的二维

.dwg平面图作为底图,可以先选择"拾取线/边"命令,鼠标拾取.dwg平面图的墙线,自动生成Revit墙体。除此以外,还可利用"拾取面"功能拾取体量的面生成墙。

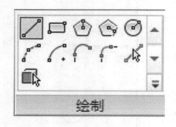

图4-17 墙体的绘制方式

图4-18 墙属性

图4-19 墙体设置选项

1. 选项栏参数设置

在完成绘制方式的选择后,要设置有关墙体的参数属性。

(1)在"选项栏"中,"高度"与"深度"分别指从当前视图向上还是向下延伸墙体。

(2)"未连接"选项中还包含各个标高楼层;"4200"表示该视图墙顶部距底部4200mm。

(3)勾选"链"表示可以连续绘制墙体。

(4)"偏移量"表示绘制墙体时,墙体距离捕捉点的距离,如图4-20设置的偏移量为200mm,则绘制墙体时捕捉绿色虚线(即参照平面),绘制的墙体距离参照平面200mm。

(5)"半径"表示两面直墙的端点相连接处不是折线,而是根据设定的半径值,自动生成圆弧墙,如图4-21所示,设定的半径1000mm。

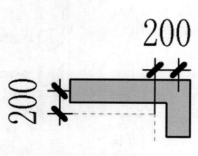

图4-20 偏移量设置

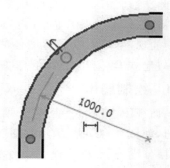

图4-21 圆弧墙

2. 实例参数设置

如图4-22所示,该属性为墙的实例属性,主要设置墙体的墙体定位线、高度、底部和顶部的约束与偏移等,有些参数为暗显,该参数可在:更换为三维视图、选中构件、附着时或改为结构墙等情况下亮显。

(1)定位线:共分为墙中心线、核心层、面层面与核心面四种定位方式。在Revit术语中,墙的核心层是指其主结构层。在简单的砖墙中,"墙中心线"和"核心层中心线"平面将会重合,然而它们在复合墙中可能会不同。顺时针绘制墙时,其外部面(面层面:外部)默认情况下位于顶部。

图4-23为一基本墙,右侧为基本墙的结构构造。通过选择不同的定位线,从左向右绘制出的墙体与参照平面的相交方式是不同的,如图4-24所示。选中绘制好的墙体,单击"翻转控件" 可调整墙体的方向。

(2)底部限制条件/顶部约束:表示墙体上下的约束范围。

(3)底/顶部偏移:在约束范围的条件下,可上下微调墙体的高度,如果同时偏移100mm,表示墙体高度不变,整体向上偏移100mm。+100mm为向上偏移,-100mm为向下偏移。

(4)无连接高度:表示墙体顶部在不选择"顶部约束"时高度的设置。

(5)房间边界:在计算房间的面积、周长和体积时,Revit会使用房间边界。可以在平面视图和剖面视图中查看房间边界。墙则默认为房间边界。

(6)结构:表示该墙是否为结构墙,勾选后,则可用于作后期受力分析。

图4-22 墙的属性

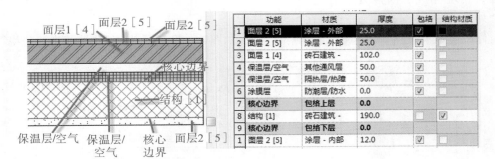

图4-23 基本墙

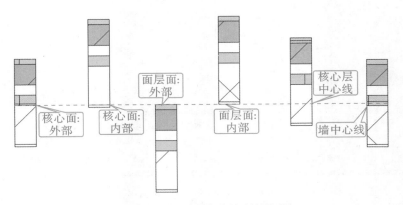

图4-24 不同定位线绘制的墙体

3．类型参数设置

在绘制完一段墙体后，选择该面墙，单击"属性"栏中的"编辑属性"，弹出"类型属性"对话框，如图4-25所示。

（1）复制：可复制"系统族：基本墙"下不同类型的墙体，如复制新建：普通砖200mm，复制出的墙体为新的墙体。

（2）重命名：可将"类型"中的墙名称修改。

（3）结构：用于设置墙体的结构构造，单击"编辑"，弹出"编辑部件"对话框，如图4-26所示。内/外部边表示墙的内外两侧，可根据需要添加墙体的内部结构构造。

（4）默认包络："包络"指的是墙非核心构造层在断开点处的处理办法，仅是对编辑部件中勾选了"包络"的构造层进行包络，且只在墙开放的断点处进行包络。可选择"外部-带粉砖与砌块复合墙"在"楼层

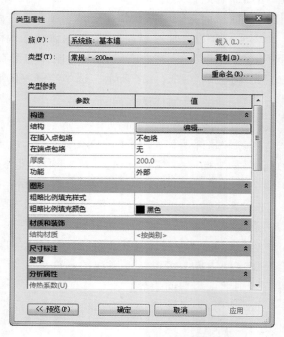

图4-25　"类型属性"对话框

平面：修改类型属性"视图中查看包络差异情况，如图4-27所示为整个"外部边的包络"。

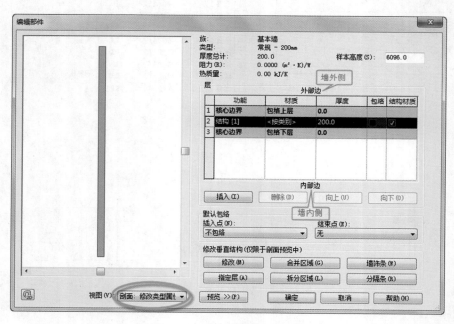

图4-26　"编辑部件"对话框

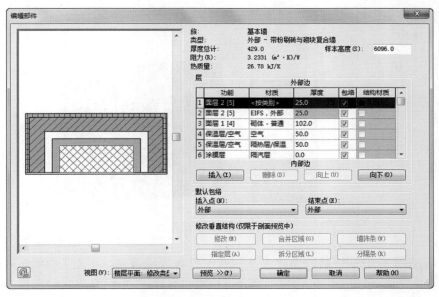

图 4-27　包络设置

（5）修改垂直结构：打开下方的"预览"后，选择"剖面：修改类型属性"视图后才会亮显。主要用于复合墙、墙饰条与分隔缝的创建。

复合墙：在"编辑部件"对话框中，插入一个面层 1，"厚度"改为 20mm。创建复合墙，通过利用"拆分区域"按钮拆分面层，放置在面层上会有一条高亮显示的预览拆分线，放置好高度后单击鼠标左键，在"编辑部件"对话框中再次插入新建面层 2，修改面层材质，单击该面层 2 前的数字序号，选中新建的面层，然后单击"指定层"，在视图中单击拆分后的某一段面层，选中的面层蓝色显示，点击"修改"，将新建的面层指定给了拆分后的某一段面层，如图 4-28 所示。

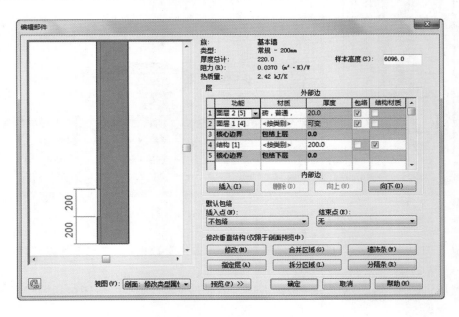

图 4-28　修改面层材质

通过对墙体面层的"指定层"与"修改",即可实现一面墙在不同高度有几个材质的要求,如图4-29所示。

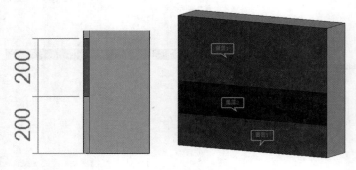

图4-29 墙体面层修改

墙饰条:主要是用于绘制的墙体在某一高度处自带墙饰条。单击"墙饰条",在弹出的"墙饰条"对话框中,单击"添加"轮廓可选择不同的轮廓族,如果没有所需的轮廓,可通过"载入轮廓"载入轮廓族,设置墙饰条的各参数,则可实现绘制出的墙体直接带有墙饰条,如图4-30所示。

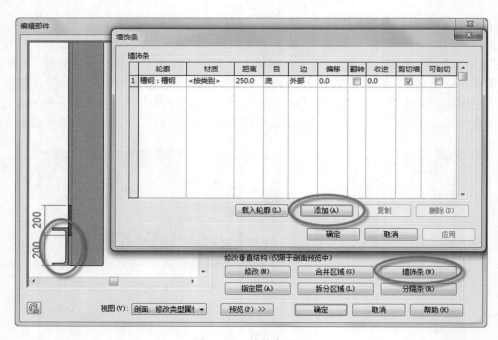

图4-30 墙饰条设置

分隔缝类似于墙饰条,只需添加分隔缝的族并编辑参数即可,在此不加以赘述。

4. 墙族分类

上述所讲的墙,均以"基本墙"为例讲述。但是墙除了"基本墙",还包括"叠层墙"和"幕墙",共三大块。

（1）"叠层墙"：要绘制叠层墙，首先需要在"属性"栏中选中叠层墙的案例，编辑其类型。其由不同的材质、类型的墙在不同的高度叠加而成，墙1、墙2均为来自"基本墙"，因此没有的墙类型要在"基本墙"中新建墙体后，再添加到叠层墙中。

（2）幕墙：主要用于绘制玻璃幕墙，详见4.7节。

4.4.2 编辑墙体

在定义好墙体的高度、厚度、材质等各参数后，按照 CAD 底图或设计要求绘制完墙体的过程中，还需要对墙体进行编辑。可利用"修改"面板下的"移动、复制、旋转、阵列、镜像、对齐、拆分、修剪、偏移"等编辑命令进行（和 CAD 中对线段的编辑一样），以及编辑墙体轮廓、附着/分离墙体，使所绘墙体与实际设计保持一致。

1. 编辑墙体轮廓

选择绘制好的墙后，自动激活"修改|墙"选项卡，单击"修改|墙"下"模式"面板中的"编辑轮廓"，如图 4-31 所示。如果在平面视图进行了轮廓编辑操作，此时弹出"转到视图"对话框，选择任意立面或三维进行操作，进入绘制轮廓草图模式。

图 4-31 "编辑轮廓"

在三维或立面中，利用不同的绘制方式工具，绘制所需形状，如图 4-32 所示。其创建思路为：创建一段墙体→修改|墙→编辑轮廓→绘制轮廓→修剪轮廓→完成绘制模式。

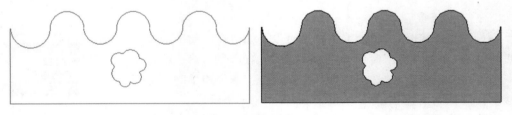

图 4-32 弧形墙体

完成后，单击"完成编辑模式" ✔ 即可完成墙体的编辑，保存文件。

2. 附着/分离墙体

如果墙体在多坡屋面的下方，需要墙和屋顶有效快速连接，依靠编辑墙体轮廓的话，会花费很多时间，此时通过"附着/分离"墙体能有效解决问题。

如图 4-33 所示，墙与屋顶未连接，用 Tab 键选中所有墙体，在"修改墙"面板中选择"附着顶部/底部"，在选项卡 附着墙: ◉ 顶部 ○ 底部 中选择顶部或底部，再单击选择屋顶，则墙自动附着在屋顶下，如图 4-34 所示。再次选择墙，单击"分离顶部/底部"，再选择屋顶，则墙会恢复原样。

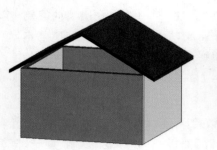

图 4-33　墙与屋顶未连接

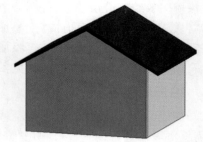

图 4-34　墙自动附着

3. 墙体连接方式

墙体相交时,可有多种连接方式,如平接、斜接和方接三种方式,如图 4-35 所示。单击"修改"选项卡→"几何图形"面板→"墙连接"功能,将鼠标光标移至墙上,然后在显示的灰色方块中单击,即可实现墙体的连接。

图 4-35　墙体连接方式

在设置墙连接时,可指定墙连接是否以及如何在活动平面视图中进行处理,在"墙连接"命令下,将光标移至墙连接上,然后在显示的灰色方块中单击。在"选项栏"中的"显示"有"清理连接""不清理连接""使用视图设置"三个显示设置,如图 4-36 所示。

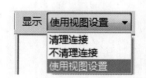

图 4-36　显示设置

默认情况下,Revit 会创建平接连接并清理平面视图中的显示,如果设置成"不清理连接",则在退出"墙连接"工具时,这些线不消失。另外,在设置墙体连接方式时,不同视图详细程度与显示设置也会在很大程度上影响显示效果。如图 4-37 所示。

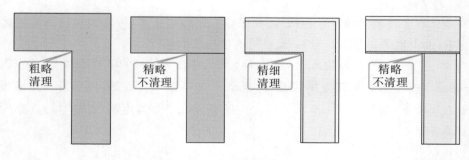

图 4-37　不同视图详细程度

本节主要建立了项目模型中最基础的模型——墙。通过对各类墙体的创建、属性设置，掌握各类墙体绘制、编辑和修改的方法。基本墙体创建是基础，对于复杂墙体，可利用内建族、体量等方式来创建。

4.5   门窗的创建

在三维模型中，门窗的模型与它们的平面表达并不是对应的剖切关系，在平面图中可与 CAD 图一样表达，这说明门窗模型与平立面表达可以相对独立。在 Revit 中的门窗可直接放置已有的门窗族，对于普通门窗可直接通过修改族类型参数，如门窗的宽和高、材质等，形成新的门窗类型。

4.5.1   插入门、窗

门、窗是基于主体的构件，可添加到任何类型的墙体，并在平、立、剖以及三维视图中均可添加门，且门会自动剪切墙体放置。

单击"建筑"选项卡→"构建"面板→"门""窗"命令，在类型选择器下，选择所需的门、窗类型，如果需要更多的门、窗类型，通过"载入族"命令从族库载入或者和新建墙一样新建不同尺寸的门窗。

放置前，在"选项栏"中选择"在放置时进行标记"则软件会自动标记门窗，选择"引线"可设置引线长度，如图 4-38 所示。门窗只有在墙体上才会显示，在墙主体上移动光标，参照临时尺寸标注，当门位于正确的位置时单击鼠标确定。

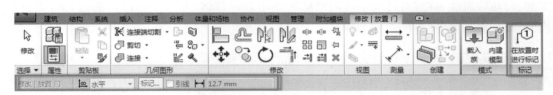

图 4-38   标记及引线设置

在放置门窗时，如果未勾选"在放置时进行标记"，还可通过第二种方式对门窗进行标记。选择"注释"选项卡中的"标记"面板，单击"按类别标记"，将光标移至放置标记的构件上，待其高亮显示时，单击鼠标则可直接标记；或者单击"全部标记"，在弹出的"标记所有未标记的对象"对话框，选中所需标记的类别后，单击"确定"即可，如图 4-39 所示。

图 4-39   通过"标记"面板设置标记

4.5.2   编辑门、窗

1. 实例属性

在视图中选择门、窗后，视图"属性"框则自动转成门/窗"属性"，如图 4-40 所示，在"属性"框中可设置门、窗的"标高"以及"底高度",该底高度即为窗台高度,顶高度为门窗高度+底高度。该"属性"框中的参数为该扇门窗的实例参数。

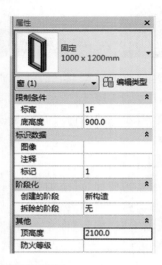

图4-40 门/窗"属性"设置

2. 类型属性

在"属性"框中,单击"编辑类型",在弹出的"类型属性"对话框中,可设置门、窗的高度、宽度、材质等属性,在该对话框中可同墙体复制出新的墙体一样,复制出新的门、窗,以及对当前的门、窗重命名,如图4-41所示。

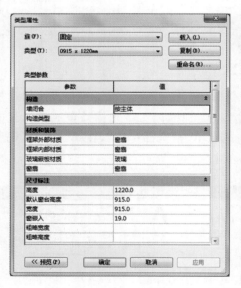
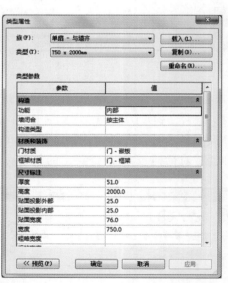

图4-41 门、窗"类型属性"设置

对于窗如果有底标高,除了在实例或类型属性处修改,还可切换至立面视图,选择窗,移动临时尺寸界线,修改临时尺寸标注值。图4-42有一面东西走向墙体,则进入"项目浏览器",用鼠标单击"立面(建筑立面)",双击"南立面"从而进入南立面视图。在南立面视图中,如图 4 - 43 所示,选中该扇窗,移动临时尺寸控制点至±0 标高线,修改临时尺寸标注值为"1000"后,按"Enter"键确认修改。

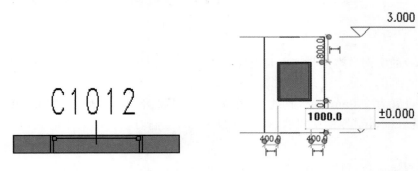

图 4 - 42　一面东西走向墙体　　　　图 4 - 43　修改尺寸标注值

4.6　楼板的创建

楼板的创建不仅可以是楼面板,还可以是坡道、楼梯休息平台等,对于有坡度的楼板,通过"修改子图元"命令修改楼板的空间形状,设置楼板的构造层找坡,实现楼板的内排水和有组织排水的分水线建模绘制。

楼板共分为建筑板、结构板以及楼板边缘,建筑与结构同样是在于是否进行结构分析。楼板边缘多用于生成住宅外的小台阶。

4.6.1　新建楼板

单击"建筑"选项卡→"构建"面板→"楼板"→"楼板:建筑",在弹出的"修改|创建楼层边界"上下文选项卡(见图 4 - 44)中,可选择楼板的绘制方式,本教材以"直线"与"拾取墙"两种方式来讲解。

图 4 - 44　"修改|创建楼层边界"选项卡

使用"直线"命令绘制楼板边界则可绘制任意形状的楼板,"拾取墙"命令可根据已绘制好的墙体快速生成楼板。

1. 属性设置

在使用不同的绘制方式绘制楼板时,在"选项栏"中是不同的绘制选项,如图 4 - 45 所示,其"偏移"功能也是提高效率的有效方式,通过设置偏移值,可直接生成距离参照线一定偏移量的板边线。

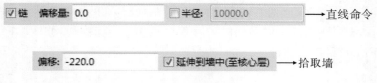

图 4-45　属性设置

对于楼板的实例与类型属性主要设置板的厚度、材质以及楼板的标高与偏移值。

2. 绘制楼板

偏移量设置为 200mm，用"直线"命令方式绘制如图 4-46 所示的矩形楼板，标高为"2F"，内部为"200mm"厚的常规墙，高度为 1F-2F，绘制时捕捉墙的中心线，顺时针绘制楼板边界线。

边界绘制完成后，单击 ✔ 完成绘制，此时会弹出"是否希望将高达此楼层标高的墙附着到此楼层的底部"，如图 4-47 所示，如果单击"是"，将高达此楼层标高的墙附着到此楼层的底部；单击"否"，将高达此楼层标高的墙将未附着，与楼板同高度，如图 4-48 所示。

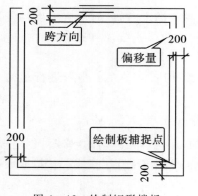

图 4-46　绘制矩形楼板

图 4-47　弹出对话框

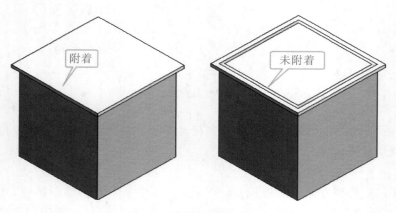

图 4-48　绘制楼板

通过"边界线"绘制完楼板后,在"绘制"面板中还有"坡度箭头"的绘制,其主要用于斜楼板的绘制,可在楼板上绘制一条坡度箭头,如图 4-49 所示,并在"属性"框中设置该坡度线的"最高/低处的标高"。

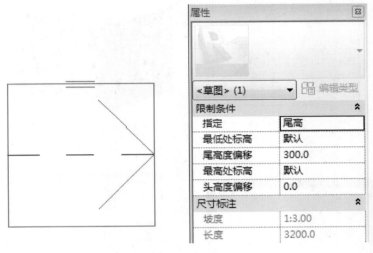

图 4-49　坡度线设置

4.6.2　编辑楼板

如果楼板边界绘制不正确,则可再次选中楼板,单击"修改|楼板"选项卡中的"编辑边界"命令,如图 4-50 所示,可再次进入编辑楼板轮廓草图模式。

图 4-50　"编辑边界"命令

1. 形状编辑

除了可编辑边界,还可通过"形状编辑"编辑楼板的形状,同样可绘制出斜楼板,如单击"修改子图元"选项后,进入编辑状态,单击视图中的绿点,出现"0"文本框,其可设置该楼板边界点的偏移高度,如 500,则该板的此点向上抬升 500mm,如图 4-51 所示。

2. 楼板洞口

楼板开洞,除了"编辑楼板边界"可开洞外,如图 4-52 所示,还有专门的开洞的方式。

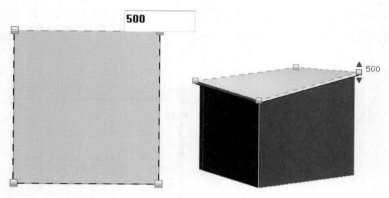

图 4-51　通过"形状编辑"编辑楼板的形状

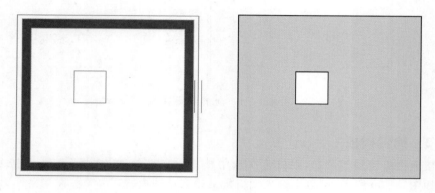

图 4-52　楼板洞口

4.7　幕墙设计

幕墙是现代建筑设计中被广泛应用的一种建筑外墙,由幕墙网格、竖梃和幕墙嵌板组成。其附着到建筑结构,但不承担建筑的楼板或屋顶荷载。在 Revit 中,根据幕墙的复杂程度分常规幕墙、规则幕墙系统和面幕墙系统三种创建幕墙的方法。

常规幕墙是墙体的一种特殊类型,其绘制方法和常规墙体相同,并具有常规墙体的各种属性,可以像编辑常规墙体一样用"附着""编辑立面轮廓"等命令编辑常规幕墙。规则幕墙系统和面幕墙系统可通过创建体量或常规模型来绘制,主要对于幕墙数量、面积较大或不规则曲面时使用,此节主要讲常规幕墙的创建。

4.7.1　创建玻璃幕墙、跨层窗

幕墙四种默认类型:幕墙、外部玻璃、店面与扶手。

对于上述四种类型的幕墙,均可通过幕墙网格、竖梃以及嵌板三大组成元素来进行设置,本节主要以幕墙为例。

单击"建筑"选项卡→"构建"面板→"墙:建筑"→"属性"框中选择"幕墙"类型→绘制幕墙→编辑幕墙。幕墙的绘制方式和墙体绘制相同,但是幕墙比普通墙多了部分参数的设置。

1. 类型属性

绘制幕墙前,单击"属性"框中的"编辑类型",在弹出的"类型属性"对话中设置幕墙参数,如图 4-53 所示。主要需要设置"构造""垂直网格样式""水平网格样式""垂直竖梃""水平竖梃"几大参数。"复制"和"重命名"的使用方式和其他构件一致,可用于创建新的幕墙以及对幕墙重命名。

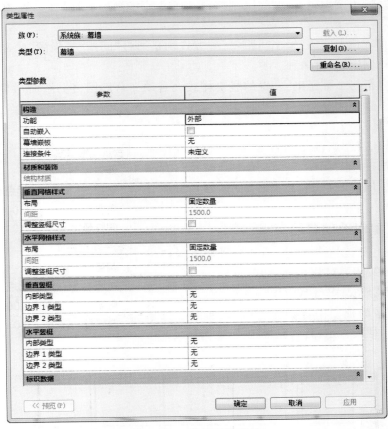

图 4-53　设置幕墙参数

(1)构造:主要用于设置幕墙的嵌入和连接方式。勾选"自动嵌入"则在普通墙体上绘制的幕墙会自动剪切墙体,如图 4-54 所示。

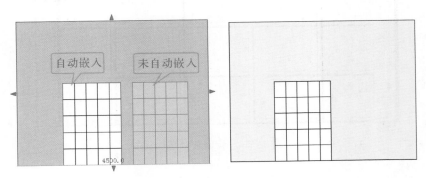

图 4-54　"自动嵌入"图示

"幕墙嵌板"中,单击"无"中的下拉框,可选择绘制幕墙的默认嵌板,一般幕墙的默认选择为"系统嵌板:玻璃"。

(2)垂直网格与竖直网格样式:用于分割幕墙表面,用于整体分割或局部细分幕墙嵌板。根据其"布局方式"可分为:"无""固定数量""固定距离""最大间距""最小间距"五种方式。

①无:绘制的幕墙没有网格线,可在绘制完幕墙后,在幕墙上添加网格线。

②固定数量:不能编辑幕墙"间距"选项,可直接利用幕墙"属性"框中的"编号"来设置幕墙网格数量。

③固定距离、最大间距、最小间距:三种方式均是通过"间距"来设置,绘制幕墙时,多用"固定数量"与"固定距离"两种。

(3)垂直竖梃与水平竖梃:设置的竖梃样式会自动在幕墙网格上添加,如果该处没有网格线,则该处不会生成竖梃。

2. 实例属性

玻璃幕墙在实例属性上与普通墙类似,只是多了垂直/水平网格样式。如图4-55所示。编号只有网格样式设置成"固定距离"时才能被激活,编号值即等于网格数。

垂直网格样式	⊗
编号	4
对正	起点
角度	0.000°
偏移量	0.0
水平网格样式	⊗
编号	4
对正	起点
角度	0.000°
偏移量	0.0

图4-55 垂直/水平风格样式

4.7.2 编辑玻璃幕墙

编辑玻璃主要包括两方面:一是编辑幕墙网格线段与竖梃;二是编辑幕墙嵌板。

1. 编辑幕墙网格线段

在三维或平面视图中,绘制一段带幕墙网格与竖梃的玻璃幕墙,样式自定,转到三维视图中,如图4-56所示。

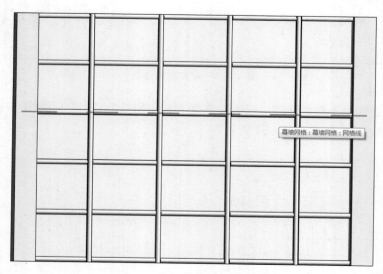

图4-56 绘制玻璃幕墙

将光标移至某根幕墙网格处,待网格虚线高亮显示时,单击鼠标左键,选中幕墙网格,则出现"修改|幕墙网格"上下文选项卡,单击"幕墙网格"面板中的"添加/删除线段"。此时,单击选中幕墙网格中需要断开的该段网格线,再单击删除网格线的地方又可添加网格线,如图4-57所示。类型属性中设置了幕墙竖梃后,添加或删除幕墙网格线,同步会添加/删除幕墙竖梃。

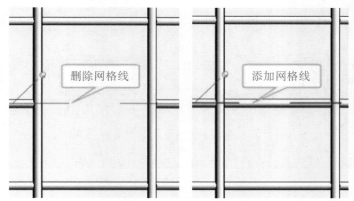

图 4-57　编辑幕墙网格线

如果不选中幕墙,同样可以添加幕墙网格,单击"建筑"选项卡→"构建"面板→"幕墙网格"或"竖梃"命令,在弹出的"修改|放置 幕墙网格(竖梃)"上下文选项卡的"放置"面板中,可以选择网格或竖梃的放置方式,如图4-58和图4-59所示。

图 4-58　修改幕墙网格

图 4-59　网格线

(1)放置幕墙网格。

①全部分段:单击添加整条网格线。

②一段:单击添加一段网格线,从而拆分嵌板。

③除拾取外的全部:单击先添加一条红色的整条网格线,再单击某段删除,其余的嵌板添加网格线。

(2)放置幕墙竖梃。

①网格线:单击一条网格线,则整条网格线均添加竖梃。

②单段网格线:在每根网格线相交后,形成的单段网格线处添加竖梃。

③全部网格线:全部网格线均加上竖梃。

2. 编辑幕墙嵌板

将鼠标放在幕墙网格上,通过多次切换 Tab 键选择幕墙嵌板,选中后,在"属性"框中的"类型选择器",可直接修改幕墙嵌板类型,如图4-60所示。如果没有所需类型,可通过载入族库中的族文件或新建族载入到项目中。

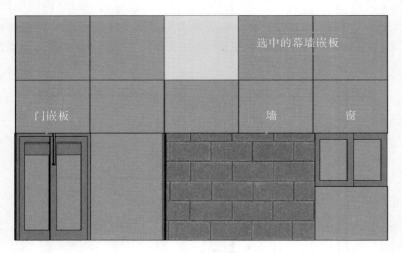

图 4 - 60　编辑幕墙嵌板

　　幕墙主要是通过设置幕墙网格、幕墙嵌板和幕墙竖梃来进行设计。对于幕墙网格可采用手动编辑和自动生成幕墙网格两种方式,可以对幕墙的造型进行各种编辑。灵活使用幕墙工具,可以创建任意复杂形式的幕墙样式。

4.8　屋顶的创建

　　屋顶是房屋最上层起覆盖作用的围护结构,根据屋顶排水坡度的不同,常见的有平屋顶、坡屋顶两大类,坡屋顶也具有很好的排水效果。屋顶是建筑的重要组成部分。在 Revit 中提供了多种建模工具。如:迹线屋顶、拉伸屋顶、面屋顶、玻璃斜窗等创建屋顶的常规工具。此外,对于一些特殊造型的屋顶,还可以通过内建模型的工具来创建。

4.8.1　创建迹线屋顶

　　对于大部分的屋顶的绘制,均是通过"建筑"选项卡→"构建"面板→"屋顶"下拉列表→选择绘制命令进行,如图 4 - 61所示。其包括"迹线屋顶""拉伸屋顶""面屋顶"三种屋顶的绘制方式。

　　选择"迹线屋顶",迹线屋顶即是通过绘制屋顶的各条边界线,为各边界线定义坡度的过程。

1. 上下文选项卡设置

　　选择"迹线屋顶"命令后,进入绘制屋顶轮廓草图模式。绘图区域自动跳转至"创建屋顶迹线"上下文选项卡,如图 4 - 62 所示。其绘制方式除了边界线的绘制,还包括坡度箭头的绘制。

图 4 - 61　"屋顶"下拉列表

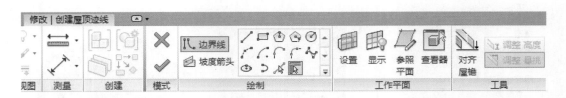

图 4-62　"创建屋顶迹线"选项卡

（1）边界线绘制方式。

屋顶的边界线绘制方式和其他构件类似，在绘制前，在"选项栏中"勾选"定义坡度"，则绘制的每根边界线都定义了坡度值，可在"属性"中或选中边界线，单击角度值设置坡度值。"偏移量"是相对于拾取线的偏移值；"悬挑"用于"拾取墙"命令，是对于拾取墙线的偏移。如图 4-63 所示。

图 4-63　边界线绘制设置

（2）坡度箭头绘制方式。

除了通过边界线定义坡度来绘制屋顶，还可通过坡度箭头绘制。其边界线绘制方式和上述所讲的边界线绘制一致，但用坡度箭头绘制前需取消勾选"定义坡度"，通过坡度箭头的方式来指定屋顶的坡度，如图 4-64 所示。

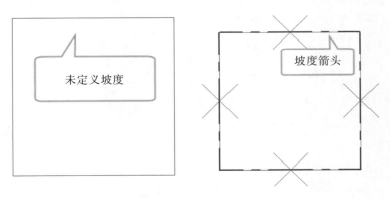

图 4-64　坡度箭头绘制

图 4-64 所绘制的坡度箭头，需在坡度"属性"框中设置坡度的"最高/低处标高"以及"头/尾高度偏移"，如图 4-65 所示。完成后勾选"完成编辑模式"，完成后的屋顶平面与三维视图，如图 4-66 所示。

图 4-65　设置坡度

图 4-66　屋顶平面与三维视图

2. 实例属性设置

对于用"边界线"方式绘制的屋顶,在"属性"框中与其他构件不同的是,多了截断标高、截断偏移、橡截面以及坡度四个概念,如图 4-67 所示。

(1)截断标高:指屋顶顶标高到达该标高截面时,屋顶会被该截面剪切出洞口,如 2F 标高处截断。

(2)截断偏移:截断面在该标高处向上或向下的偏移值,如 100mm。

(3)橡截面:指的是屋顶边界处理方式,包括垂直截面、垂直双截面与正方形双截面。

(4)坡度:各根带坡度边界线的坡度值,如1:1.73。

图 4-68 为绘制的屋顶边界线,单击坡度箭头可调整坡度值,如图 4-69 所示为生成屋顶。根据整个的屋顶的生成过程,可以看出,屋顶是根据所绘制的边界线,按照坡度值形成一定角度向上延伸而成。

图 4-67　屋顶属性

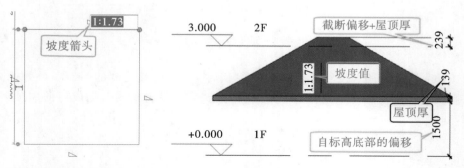

图 4-68　绘制的屋顶边界线　　　　图 4-69　生成的屋顶

4.8.2 创建拉伸屋顶

拉伸屋顶主要是通过在立面上绘制拉伸形状,按照拉伸形状在平面上拉伸而形成。拉伸屋顶的轮廓是不能在楼层平面上进行绘制的。

单击"建筑"选项卡→"构建"面板→"屋顶"下拉列表→"拉伸屋顶"命令,如果初始视图是平面,则选择"拉伸屋顶"后,会弹出"工作平面"对话框,如图4-70所示。

拾取平面中的一条直线,则软件自动跳转至"转到视图"界面,在平面中选择不同的线,软件弹出的"转到视图"中的选择立面是不同的。

如果选择水平直线,则跳转至"南、北"立面,如图4-71所示;如果选择垂直线,则跳转至"东、西"立面;如果选择的是斜线,则跳转至"东、西、南、北"立面,同时三维视图均可跳转。

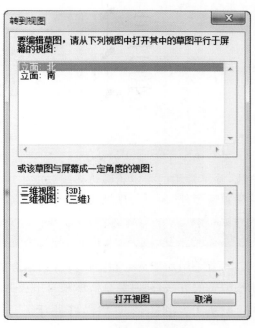

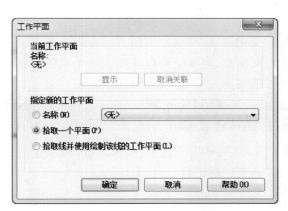

图4-70 "工作平面"对话框   图4-71 "转到视图"界面

选择完立面视图后,软件弹出"屋顶参照标高和偏移"对话框,在对话框中设置绘制屋顶的参照标高以及参照标高的偏移值,如图4-72所示。

此时,可以开始在立面或三维视图中绘制屋顶拉伸截面线,无需闭合,如图4-73所示。绘制完后,需在"属性"框中设置"拉伸的起点/终点"(其设置的参照与最初弹出的"工作平面"选取有关,均是以"工作平面"为拉伸参照)、椽截面等,如图4-74所示;同时在"编辑类型"中设置屋顶的构造、材质、厚度、粗略比例填充样式等类型属性,完成后的屋顶平面图,如图4-75所示。

图4-72 设置屋顶参照标高和偏移

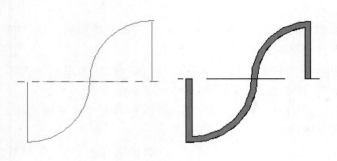

限制条件	⋀
工作平面	<不关联>
房间边界	☑
与体量相关	☐
拉伸起点	400.0
拉伸终点	-400.0
参照标高	2F
标高偏移	0.0

图 4-73　屋顶拉伸截面线　　　　　　图 4-74　设置拉伸起点与终点

图 4-75　参照平面

本节学习了屋顶的创建方法。对于屋顶,可采用迹线、拉伸屋顶的方法绘制。其中对于迹线,除了常用的指定轮廓边界线坡度生成复杂坡屋顶,以及使用拉伸屋顶可生成任意形状的屋顶模型外,还可使用坡度箭头工具生成带坡度的图元。

4.9　扶手、楼梯的创建

本节采用功能命令和案例讲解相结合的方式,详细介绍了扶手、楼梯、台阶和坡道的创建和编辑的方法,同时结合实际项目中会遇到的各类问题进行分析。

4.9.1　创建楼梯和栏杆扶手

楼梯作为建筑垂直交通当中的主要解决方式,高层建筑尽管采用电梯作为主要垂直交通工具,但是仍然要保留楼梯供紧急时逃生之用。楼梯按梯段可分为单跑楼梯、双跑楼梯和多跑楼梯;梯段的平面形状有直线的、折线的和曲线的,楼梯的种类和样式多样。楼梯主要由踢面、踏面、扶手、梯边梁以及休息平台组成,如图 4-76 所示。

单击"建筑"选项卡→"楼梯坡道"面板→"楼梯"下拉列表→"楼梯(按草图)"命令(按草图比按构件绘制的楼梯修改更灵活),进入绘制楼梯草图模式,自动激活"修改|创建楼梯草图"上下文选项卡,选择"绘制"面板下的"梯段"命令,即可开始直接绘制楼梯。

1. 实例属性

在"属性"框中,主要需要确定"楼梯类型""限制条件""尺寸标注"三大内容,如图 4-77 所示。根据设置的"限制条件"可确定楼梯的高度(1F 与 2F 间高度为 4m),"尺寸标注"可确定楼梯的宽度、所需踢面数以及实际踏板深度,通过参数的设定软件可自动计算出实际的踏步数和踢面高度。

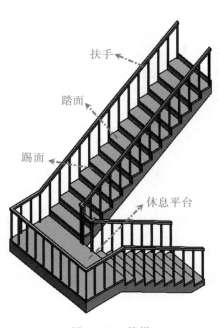

图 4-76　楼梯　　　　　　　　　　　图 4-77　楼梯的属性

2. 类型属性

单击"属性"框中的"编辑类型",在弹出的"类型属性"对话框中,如图 4-78 所示,主要设置楼梯的"踏板""踢面""梯边梁"等参数。

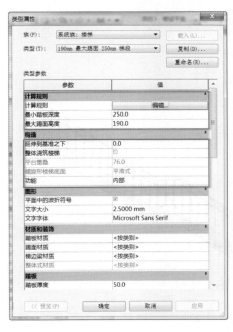

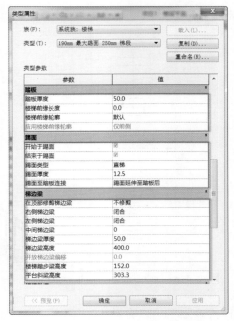

图 4-78　踏步设置

完成楼梯的参数设置后,可直接在平面视图中开始绘制。单击"梯段"命令,捕捉平面上的一点作为楼梯起点,向上拖动鼠标后,梯段草图下方会提示"创建了 10 个踢面,剩余 13 个"。

单击"修改|楼梯|编辑草图"上下文选项卡→"工作平面"面板→"参照平面"命令,在距离第 10 个踢面 1000mm 处绘制一根水平参照平面,如图 4-79 所示。捕捉参照平面与楼梯中线的交点继续向上绘制楼梯,直到梯段草图下方提示"创建了 23 个踢面,剩余 0 个"。

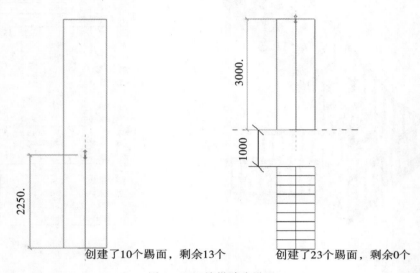

图 4-79 楼梯踏步设置

完成草图绘制的楼梯如图 4-80 所示,勾选"完成编辑模式",楼梯扶手自动生成,即可完成楼梯。

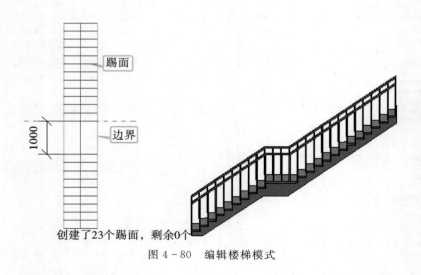

图 4-80 编辑楼梯模式

楼梯扶手除了可以自动生成,还可单独绘制。单击"建筑"选项卡→"楼梯坡道"面板→"扶手栏杆"下拉列表→"绘制路径"/"放置在主体上"。其中放置在主体上主要用于坡道或楼梯。

对于"绘制路径"方式,绘制的路径必须是一条单一且连接的草图,如果要将栏杆扶手分为几个部分,请创建两个或多个单独的栏杆扶手。但是对于楼梯平台处与梯段处的栏杆是要断开的,如图 4-81 所示。

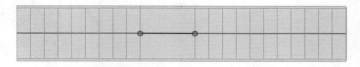

图 4-81　绘制路径

对于绘制完的栏杆路径,需要单击"修改|栏杆扶手"上下文选项卡→"工具"面板→"拾取新主体",或设置偏移值,才能使得栏杆落在主体上,如图 4-82 所示。

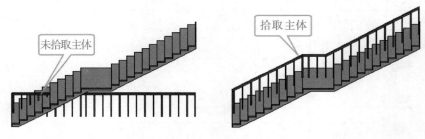

图 4-82　栏杆路径

4.9.2　编辑楼梯和栏杆扶手

1. 编辑楼梯

选中"楼梯"后,单击"修改|楼梯"上下文选项卡→"模式"面板→"草图绘制"命令,又可再次进入编辑楼梯草图模式。

单击"绘制"面板"踢面"命令,选择"起点-终点-半径弧"命令 ，单击捕捉第一跑梯段最右端的踢面线端点,再捕捉弧线中间一个端点绘制一段圆弧。

选择上述绘制的圆弧踢面,单击"修改"面板的"复制"按钮,在选项栏中勾选"约束"和"多个"。选择圆弧踢面的端点作为复制的基点,水平向左移动鼠标,在之前直线踢面的端点处单击放置圆弧踢面,如图 4-83 所示。

在放置完第一跑梯段的所有圆弧踢面后,按住 Ctrl 键选择第二跑梯段所有的直线踢面,按 Delete 键删除,如图 4-84 所示。单击"完成编辑"命令,即创建圆弧踢面楼梯。

对于楼梯边界,类似地单击"绘制"面板上的"边界"命令进行修改。

2. 编辑栏杆扶手

完成楼梯后,自动生成栏杆扶手,选中栏杆,在"属性"栏的下拉列表中可选择其他扶手替换。如果没有所需的栏杆,可通过"载入族"的方式载入。

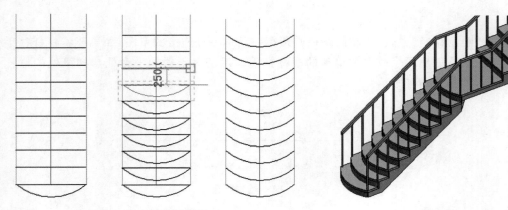

图 4-83 放置圆弧踢面   图 4-84 创建圆弧踢面楼梯

选择扶手后,单击"属性"框→"编辑类型"→"类型属性",如图 4-85 所示。

图 4-85 "栏杆扶手"类型属性

(1)扶栏结构(非结构):单击扶栏结构的"编辑"按钮,打开"编辑扶手"对话框,如图4－86所示。可插入新的扶手,"轮廓"可通过载入"轮廓族"载入选择,对于各扶手可设置其名称、高度、偏移、材质等。

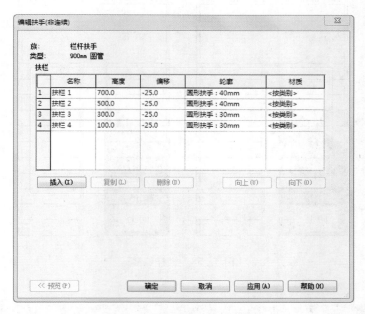

图4－86　"编辑扶手"对话框

(2)栏杆位置:单击栏杆位置"编辑"按钮,打开"编辑栏杆位置"对话框,如图4－87所示。可编辑900mm圆管的"栏杆族"的族轮廓、偏移等参数。

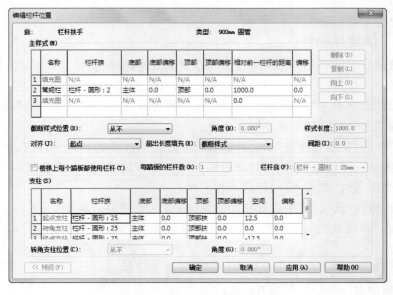

图4－87　"编辑栏杆位置"对话框

（3）栏杆偏移：栏杆相对于扶手路径内侧或外侧的距离。如果为－25mm，则生成的栏杆距离扶手路径为25mm，方向可通过"翻转箭头"控件控制，如图4-88所示。

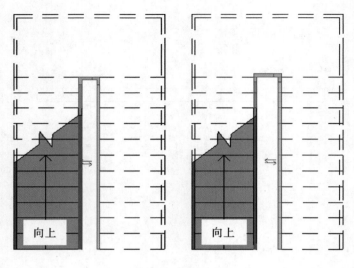

图4-88　栏杆偏移

4.10　柱、梁的创建

本节主要讲述如何创建和编辑建筑柱、结构柱以及梁、梁系统、结构支架等，使读者了解建筑柱和结构柱的应用方法和区别。根据项目需要，某些时候需要创建结构梁系统和结构支架，比如对楼层净高产生影响的大梁等。大多数时候可以在剖面上通过二维填充命令来绘制梁剖面，示意即可。

4.10.1　创建柱构件

柱分为建筑柱与结构柱，建筑柱主要用于砖混结构中的墙垛、墙上突出结构，不用于承重。

单击"建筑"选项卡→"构建"面板→"柱"下拉列表→"建筑柱"/"结构柱"命令，或者直接单击"结构"选项卡→"结构"面板→"柱"命令。

在"属性"框的"类型选择器"中选择适合尺寸规格的柱子类型，如果没有相应的柱类型，可通过"编辑类型"→"复制"功能创建新的柱，并在"类型属性"框中修改柱的尺寸规格。如果没有柱族，则需通过"载入族"功能载入柱子族。

放置柱前，需在"选项栏"中设置柱子的高度，勾选"放置后旋转"则放置柱子后，可对放置柱子直接旋转。

特别对于"结构柱"，在弹出的"修改|放置 结构柱"上下文选项卡会比"建筑柱"多出"放置""多个""标记"面板，如图4-89所示。

图4-89　创建柱构件

绘制多个结构柱：在结构柱中，能在轴网的交点处以及在建筑中创建结构柱。进入到"结构柱"绘制界面后，选择"垂直柱"放置，单击"多个"面板中的"在轴网处"，在"属性"对话框中的"类型选择器"中选择需放置的柱类型，从右下向左上框选或交叉框选轴网，如图4-90所示。则框选中的轴网交点自动放置结构柱，单击"完成"则在轴网中放置多个同类型的结构柱，如图4-91所示。

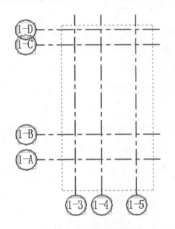

图4-90 轴网设置(1)　　　　　图4-91 轴网设置(2)

除此以外，还可在建筑柱中放置结构柱，单击"多个"面板中的"在柱处"，在"属性"对话框中的"类型选择器"中选择需放置的柱类型，按住 Ctrl 键可选中多根建筑柱，单击"完成"，则完成在多根建筑柱中放置结构柱。

4.10.2　创建梁构件

单击"结构"选项卡→"结构"面板→"梁"命令，则进入梁的绘制界面中，如果没有梁族，则需通过"载入族"方式从族库中载入。一般梁的绘制可参照 CAD 底图，新建不同的尺寸，单击并捕捉起点和终点来绘制梁。

在选项栏中可选择梁的放置平面，还可从"结构用途"下拉箭头中选择梁的结构用途或让其处于自动状态，结构用途参数可以包括在结构框架明细表中，这样便可以计算大梁、托梁、檩条和水平支撑的数量，如图4-92所示。

图4-92 梁的绘制界面

勾选"三维捕捉"选项，通过捕捉任何视图中的其他结构图元，可以创建新梁。这表示可以在当前工作平面之外绘制梁和支撑。例如，在启用了三维捕捉之后，不论高程如何，屋顶梁都将捕捉到柱的顶部。勾选"链"后，可绘制多段连接的梁。

也可使用"多个"面板中的"轴网"命令，拾取轴网线或框选、交叉框选轴网线，点"完成"，系统自动在柱、结构墙和其他梁之间放置梁。

通过 Revit 可实现建筑工程师与结构工程师的模型相互参照,协同作业。若在当前实际项目建模过程中采用链接结构或其他模型形成完整的 BIM 模型,可实现跨专业协同作业。

4.11　其他构件的创建

4.11.1　绘制洞口

绘制洞口时,除了部分构件,如墙、楼板可"编辑边界"绘出洞口,还可使用"洞口"工具在墙、楼板、天花板、屋顶、结构梁、支撑和结构柱上剪切洞口。

单击"建筑"选项卡→"洞口"面板,均是洞口绘制的命令,包括:"按面""竖井""墙""垂直""老虎窗"。

(1)按面、垂直、竖井:主要用于创建一个垂直于屋顶、楼板或天花板选定面的洞口,均为水平构件,如图 4-93 所示。按面是针对某个平面,需在楼板、天花板或屋顶中选择一个面;垂直是也是针对选择整个图元;竖井则是在某个平面的垂直距离上均可被剪切。

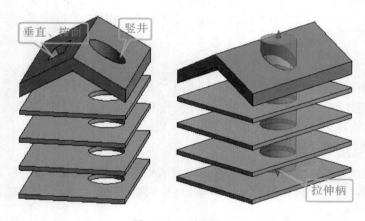

图 4-93　绘制洞口

对于"竖井"命令,可通过"拉伸柄"拉伸竖井的剪切长度。

(2)墙:主要用于创建墙洞口。如图 4-94 所示,选中绘制的"墙洞口",可通过"拉伸柄"控制洞口的大小。

(3)老虎窗:可以用于剪切屋顶,主要用于生成老虎窗。

4.11.2　台阶与坡道

Revit 中没有专用的"台阶"命令,可以采用创建在位族、外部构件族、楼板边缘甚至楼梯等方式创建各种台阶模型。本节讲述用"楼板边缘"命令创建台阶的方法。

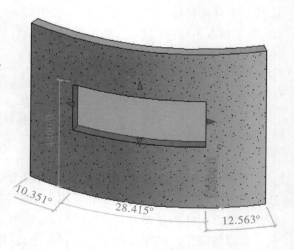

图 4-94　创建墙洞口

1. 绘制台阶

单击"建筑"选项卡→"构建"面板→"楼板"下拉列表→"楼板边"命令,直接拾取绘制好的板边界即可生成"台阶"。可通过"载入族"的方式载入所需的"楼板边缘族"。如图4-95所示。通过调整双向箭头可以修改楼板边的方向。

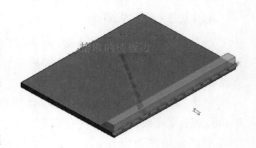

图4-95　绘制台阶

2. 绘制坡道

可以在平面视图或三维视图绘制一段坡道或绘制边界线和踢面线来创建坡道。与楼梯类似,可以定义直梯段、L形梯段、U形坡道和螺旋坡道。还可以通过修改草图来更改坡道的外边界。

单击"建筑"选项卡→"楼梯坡道"面板→"坡道"命令,则在弹出的"修改|创建坡道草图"上下文选项卡中,可和楼梯一样,通过"梯段""边界""踢面"三种方式来创建坡道。

(1)实例属性。在"属性"对话框中,可设置坡道的"底部/顶部标高与偏移"以及坡道的宽度,如图4-96所示。"顶部标高"和"顶部偏移"属性的默认设置可能会使坡道太长。建议将"顶部标高"和"基准标高"都设置为当前标高,并将"顶部偏移"设置为较低的值。

(2)类型属性。单击"属性"框中"编辑类型"按钮,弹出"类型属性"对话框,如图4-97所示。

图4-96　坡道属性设置

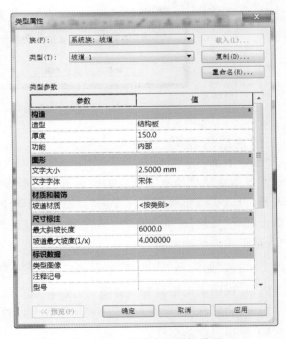

图4-97　坡道类型属性设置

①厚度:只有在"造型"为"结构板"时才会亮显设置,如果为实体,则灰显。

②最大斜坡长度:指定要求平台前坡道中连续踢面高度的最大数量。

③坡道最大坡度(1/X):设置坡道的最大坡度。

4.11.3　设置场地

场地作为房屋的地下基础,要通过模型表达出建筑与实际地坪间的关系,以及建筑的周边道路情况。通过学习,将了解场地的相关设置与地形表面、场地构件的创建与编辑的基本方法和相关应用技巧。

单击"体量和场地"选项卡→"场地建模"面板→⬎按钮。在弹出的"场地设置"对话框中,可设置等高线间隔值、经过高程、自定义的等高线、剖面填充样式、基础土层高程、角度显示等项目全局场地设置,如图4-98所示。

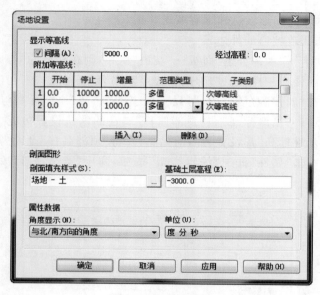

图4-98　场地设置

1. 创建地形表面、子面域与建筑地坪

(1)地形表面。

地形表面是建筑场地地形或地块地形的图形表示。默认情况下,楼层平面视图不显示地形表面,可以在三维视图或在专用的"场地"视图中创建。

单击打开"场地"平面视图→"体量和场地"选项栏→"场地建模"面板→"地形表面"命令,进入地形表面的绘制模式。

单击"工具"面板下"放置点"命令,在"选项栏" 高程 0.0 ┃ 绝对高程 ▼ 中输入高程值,在视图中单击鼠标放置点,修改高程值,放置其他点,连续放置则生成等高线。

单击地形"属性"框设置材质,完成地形表面设置。

(2)子面域与建筑地坪。

"子面域"工具是在现有地形表面中绘制的区域,不会剪切现有的地形表面。例如,可以使用子面域在地形表面绘制道路或绘制停车场区域。"子面域"工具和"建筑地坪"不同,"建筑地坪"工具会创建出单独的水平表面,并剪切地形,而创建子面域不会生成单独的地平面,而是在地形表面上圈定了某块可以定义不同属性集(例如材质)的表面区域,如图4-99

所示。

①子面域。

单击"体量和场地"选项卡→"修改场地"面板→"子面域"命令,进入绘制模式。用"线"绘制工具,绘制子面域边界轮廓线。

单击子面域"属性"中的"材质",设置子面域材质,完成子面域的绘制。

②建筑地坪。

单击"体量和场地"选项卡→"场地建模"面板→"建筑地坪"命令,进入绘制模式。用"线"绘制工具,绘制建筑地坪边界轮廓线。

在建筑地坪"属性"框中,设置该地坪的标高以及偏移值,在"类型属性"中设置建筑地坪的材质。

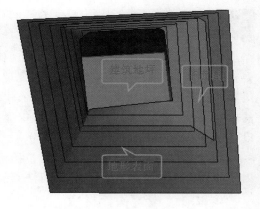

图 4 - 99　建筑地坪

2. 编辑地形表面

(1)编辑地形表面。

选中绘制好的地形表面,单击"修改|地形"上下文选项卡→"表面"面板→"编辑表面"命令,在弹出的"修改|编辑表面"上下文选项卡的"工具"面板中,如图 4 - 100 所示,可通过"放置点""通过导入创建""简化表面"三种方式修改地形表面高程点。

①放置点:增加高程点的放置。

②通过导入创建:通过导入外部文件创建地形表面。

③简化表面:减少地形表面中的点数。

图 4 - 100　编辑地形表面

(2)修改场地。

打开"场地"平面视图或三维视图,在"体量和场地"选项卡的"修改场地"面板中,包含多个对场地修改的命令。

①拆分表面:单击"体量和场地"选项卡→"修改场地"面板→"拆分表面"命令,选择要拆分的地形表面进入绘制模式。用"线"绘制工具,绘制表面边界轮廓线。在表面"属性"框的"材质"中设置新表面材质,完成绘制。

②合并表面:单击"体量和场地"选项卡→"修改场地"面板→"合并表面"命令,勾选选项栏 。选择要合并的主表面,再选择次表面,两个表面合二为一。

③建筑红线:创建建筑红线可通过两种方式。

单击"体量和场地"选项卡→"修改场地"面板→"建筑红线"命令,选择"通过绘制来创建"进入绘制模式,如图 4 - 101 所示。用"线"绘制工具,绘制封闭的建筑红线轮廓线,完成绘制。

另外也可选择"通过输入距离和方向角来创建",手动输入方向和距离。

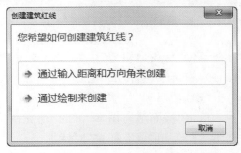

图 4 - 101　创建建筑红线

4.12 渲染与漫游

在 Revit 中,可使用不同的效果和内容(如:照明、植物、贴花和人物)来渲染三维模型,通过视图展现模型真实的材质和纹理,还可以创建效果图和漫游动画,全方位展示建筑师的创意和设计成果。如此,在一个软件环境中,即可完成从施工图设计到可视化设计的所有工作,改善了以往在几个软件中操作所带来的重复劳动、数据流失等弊端,提高了设计效率。

本节将重点讲解设计表现内容,包括材质设置,给构件赋材质,创建室内外相机视图,室内外渲染场景设置及渲染,以及项目漫游的创建与编辑方法。

4.12.1 设置构件材质

在渲染之前,需要先给构件设置材质。材质用于定义建筑模型中图元的外观,Revit 提供了许多可以直接使用的材质,也可以自己创建材质。

打开 Revit 2016 自带的建筑样例项目,单击"管理"选项卡→"设置"面板→"材质"命令,打开"材质浏览器"对话框,如图 4-102 所示。在该对话框中,以"Acetal Resin,Black"为例,单击"图形"栏下"着色"中的"颜色"图标,不勾选"使用渲染外观",可打开"颜色"对话框,选择着色状态下的构件颜色。单击选择倒数第三个浅灰色矩形,如图 4-103 所示,单击"确定"。

图 4-102 "材质浏览器"对话框

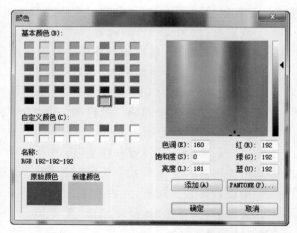

图 4-103 "颜色"对话框

单击"材质编辑器"中的"表面填充图案"下的"填充图案",弹出"填充样式"对话框,如图 4-104 所示。在下方"填充图案类型"中选择"模型",在填充图案样式列表中选择"soldier",单击"确定"回到"材质编辑器"对话框。

单击"截面填充图案"下的"填充图案",同样弹出"填充样式"对话框,单击左下角"无填充图案",关闭"填充样式"对话框。

单击"材质编辑器"左下方的"打开/关闭资源浏览器"按钮,打开"资源浏览器"对话框,双击"3 英寸方形-白色",添加了"3 英寸方形-白色"的外观到该材质中,在"材质浏览器"对话框中单击"确定",完成材质"Acetal Resin,Black"的修改,保存文件即可。在构件编辑的过程中,可对新建或修改的材质进行效果展示,如图 4 - 105 为"Cavity wall_sliders"基本墙的材质设置。

图 4 - 104 "填充样式"对话框

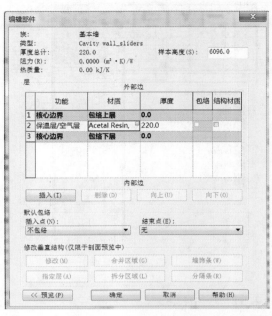

图 4 - 105 Cavity wall_sliders 基本墙的材质设置

4.12.2 创建相机视图

对构件赋予材质之后,在渲染之前,一般需先创建相机透视图,生成渲染场景。

在"项目浏览器"双击视图名称"Level 1"进入一层平面视图。单击"视图"选项卡→"三维视图"下拉菜单→"相机"命令,勾选选项栏的"透视图"选项,如果取消勾选则创建的相机视图为没有透视的正交三维视图,偏移量为 1750,如图 4 - 106 所示。

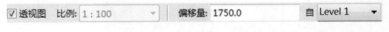

图 4 - 106 创建相机视图

移动光标至绘图区域 Level 1 视图中,在右下角单击放置相机。将光标向右上角移动,超过建筑绿色房间区域,单击放置相机点,如图 4 - 107 所示。此时一张新创建的三维视图自动弹出,在项目浏览器"三维视图"项下,增加了相机视图"三维视图 1"。

双击进入"三维视图 1",单击"窗口"面板"平铺"(快捷键 WT)命令,此时绘图区域同时打开三维视图 1 和 Level 1 视图,在三维视图 1 中将"视图控制栏"内的"视觉样式"替换显示为"着色",单击选中三维视图的视口最外围,视口各边中点出现四个蓝色控制点,同时 Level 1 视图中同步显示出刚放置的相机,可继续拖动相机调整照射的方位,或在三维视图 1 中选择某控制点,单击并按住向外拖拽,放大视口直至找到合适的视野区域,松开鼠标。如图 4 - 108 所示,至此就创建了一个相机透视图。除此以外,三维视图中已创建了多个角度的相机视图,可打开查看各相机设置。

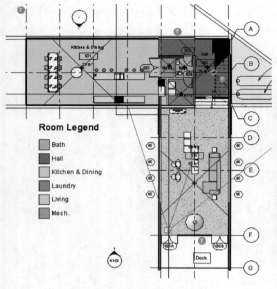

图 4-107　创建三维视图

图 4-108　相机透视图

4.12.3　渲染

　　Revit 的渲染设置非常容易操作,只需要设置真实的地点、日期、时间和灯光即可渲染三维及相机透视图。单击视图控制栏中的"显示渲染对话框"命令,或"图形"面板中的"渲染"按钮,弹出"渲染"对话框,如图 4-109 所示。

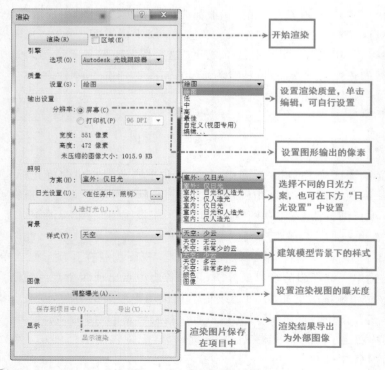

图 4-109　"渲染"对话框

按照"渲染"对话框设置渲染样式，单击"渲染"按钮，开始渲染并弹出"渲染进度"工具条，显示渲染进度，如图 4－110 所示。

完成渲染后的图形如图 4－111 所示。单击"导出 ..."将渲染存为图片格式。关闭渲染对话框后，图形恢复到未渲染状态。

图 4－110"渲染进度"工具条

如要查看渲染图片，则可在"项目浏览器"中的"渲染"视图中打开，如图 4－112 所示为别墅院子内拍摄的渲染角度。

图 4－111　渲染后的图形

图 4－112　渲染图片

4. 12. 4　漫游

上面已讲述相机的使用及生成渲染图片，另外通过设置各个相机路径，即可创建漫游动画，动态查看与展示项目设计。

1. 创建漫游

在项目浏览器中双击视图名称"Level 1"进入首层平面视图。单击"视图"选项卡→"三维视图"下拉菜单→"漫游"命令。在选项栏处相机的默认"偏移量"为 1750，也可自行修改，如图 4－113 所示。

图 4－113　创建漫游

光标移至绘图区域，在平面视图中单击开始绘制路径，即漫游所要经过的路线。光标每单击一个点，即创建一个关键帧，沿别墅外围逐个单击放置关键帧。若放置时看不到放置的相机，则在"属性"框中，取消勾选"裁剪视图"。路径围绕别墅一周后，鼠标单击选项栏"完成漫游"或按快捷键"Esc"完成漫游路径的绘制，如图 4－114 所示。

完成路径后，项目浏览器中出现"漫游"项，可以看到刚刚创建的漫游名称是"漫游 1"，双击"漫游 1"打开漫游视图。单击"窗口"面板"关闭隐藏对象"命令，双击"项目浏览器"中"楼层平面"下的"Level 1"，打开一层平面图，单击"窗口"面板"平铺"命令，此时绘图区域同时显示平面图和漫游视图。

在"视图控制栏"中将"漫游1"视图的"视觉样式"替换显示为"着色",选择渲染视口边界,单击视口四边上的控制点,按住向外拖拽,放大视口,如图4-115所示。

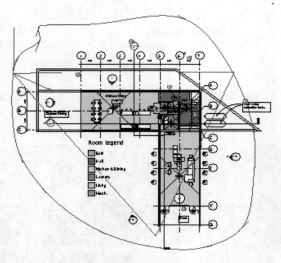

图4-114 绘制路径　　　　　　　　图4-115 漫游视图

2. 编辑漫游

在完成漫游路径的绘制后,可在"漫游1"视图中选择外边框,从而选中绘制的漫游路径,在弹出的"修改|相机"上下文选项卡中,单击"漫游"面板中的"编辑漫游"命令。

在"选项栏"中的"控制"可选择"活动相机""路径""添加关键帧""删除关键帧"四个选项。

选择"活动相机"后,则平面视图中出现由多个关键帧围成的红色相机路径,对相机所在的各个关键帧位置,可调节相机的可视范围及相机前方的原点调整视角。完成一个位置的设置后,单击"编辑漫游"上下文选项卡→"漫游"面板→"下一关键帧"命令,如图4-116所示。设置各关键帧的相机视角,使每帧的视线方向和关键帧位置合适,得到完美的漫游,如图4-117所示。

图4-116 "下一关键帧"命令

选择"路径"后,则平面视图中出现由多个蓝点组成的漫游路径,拖动各个蓝点可调节路径,如图4-118所示。

选择"添加关键帧"和"删除关键帧"后可添加/删除路径上的关键帧。

编辑完成后可单击选项栏的"播放"键,播放刚刚完成的漫游。

漫游创建完成后可单击应用程序菜单"导出"→"图像和动画"→"漫游"命令,弹出"长度/格式"对话框,如图4-119所示。

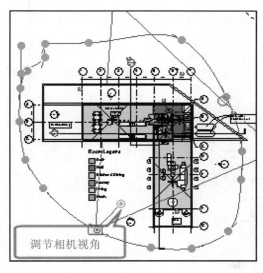

图 4 – 117　调节相机视角

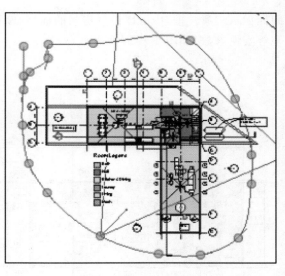

图 4 – 118　漫游路径

其中"帧/秒"项设置导出后漫游的速度为每秒多少帧，默认为 15 帧，播放速度会比较快，将设置改为 3 帧，速度将比较合适。单击"确定"后弹出"导出漫游"对话框，输入文件名，选择文件类型与路径，单击"保存"按钮，弹出"视频压缩"对话框，默认为"全帧（非压缩的）"，产生的文件会非常大，建议在下拉列表中选择压缩模式为"Microsoft Video 1"，此模式为大部分系统可以读取的模式，同时可以减小文件大小，单击"确定"将漫游文件导出为外部 AVI 文件。

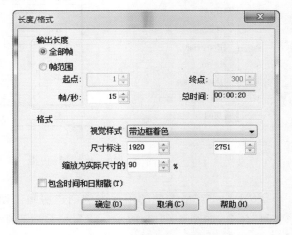

图 4 – 119　"长度/格式"对话框

4.13　房间和面积报告

在建筑设计过程中，房间的布置成为空间划分的重要手段。如对于住宅项目，需区别出客厅、厨房、主卧、次卧、阳台与卫生间等区域，传统的做法为用 CAD 手动量取每个区域的面积并标注名称，但在 Revit 中，房间的创建通过对空间分割后，可自动统计出各个房间的面积，并且在空间区域布局或房间名称修改后，相应的统计结果也会自动更新。因而通过 Revit 创建模型，可快速提高设计师的效率，避免花费过多时间做简单重复性的工作。

4.13.1　创建房间

打开 Revit 2016 自带的建筑样例项目，选择"Level 2"楼层平面，各个房间已经按颜色进行空间区域划分，如图 4 – 120 所示。选中任意房间，注意是选择两根十字交叉的线，不是房间标记,在"属性框"中可以设置房间的标高、偏移值、编号、名称与显示房间的面积、周长、体积等实例参数,如图 4-121 所示。

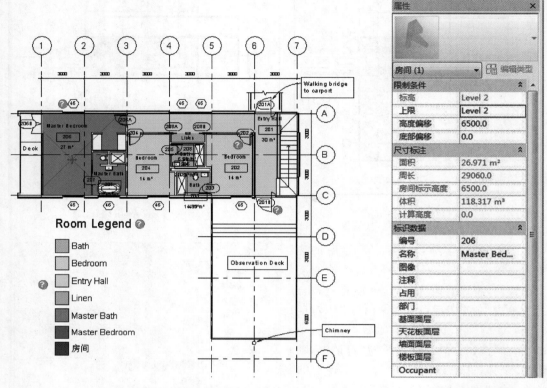

图 4-120 建筑样例   图 4-121 房间属性设置

以"Level 2"最左侧的阳台为例创建房间。切换至"建筑"选项卡→"房间和面积"面板→"房间"命令,如图 4-122 所示。将鼠标放置于阳台空间内,单击鼠标左键放置,即可出现一个房间名称。双击房间即可进入编辑状态,此时房间以红色线段围成封闭边界,直接输入"阳台",按"Enter"建确认。此时的房间变为蓝色,并在颜色图例中自动增加阳台选项,如图 4-123 所示。

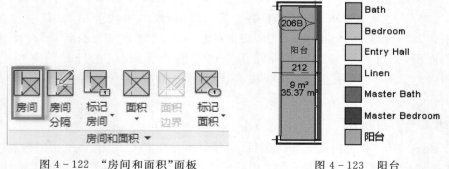

图 4-122 "房间和面积"面板   图 4-123 阳台

对于每个房间的颜色设置，可通过"建筑"选项卡，单击"房间和面积"面板的下三角按钮 房间和面积 ▼ ，选择 颜色方案 。在弹出的"编辑颜色方案"对话框中，选择房间类别，可添加不同的颜色方案，如 Name 方案，并按方案来定义各房间的颜色及填充样式，如图 4 - 124 所示。对于方案定义中"标题"的属性为"Room Legend"、"颜色"的属性为"名称"，表示软件将自动读取项目中的房间，并在列表中按名称显示。

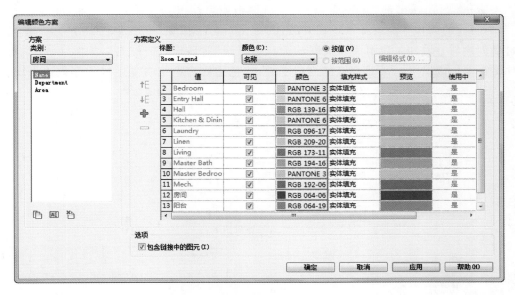

图 4 - 124 编辑颜色方案

通过放置好房间，设定完颜色方案后，如何能如上述案例一样添加颜色图例到平面视图中？切换到"注释"选项卡→"颜色填充"面板→"颜色填充图例"按钮，如图 4 - 125 所示。

图 4 - 125 "颜色填充"面板

若已有颜色方案，则直接放置颜色填充图例。若新建项目还未布置颜色方案，则在弹出的"选择空间类型和颜色方案"对话框中，对该视图选择对应的"空间类型"与"颜色方案"，如图 4 - 126 所示，单击"确定"后，单击绘图区域中的"未定义颜色"图元，在"修改｜颜色填充图例"选项卡→"方案"面板→"编辑方案"按钮中，可新建颜色方案。

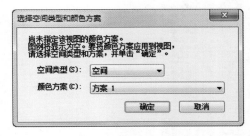

图 4 - 126 "选择空间类型和颜色方案"对话框

4.13.2 面积分析

除了对建筑区域进行房间分类,在建筑设计过程中,需要对图纸进行面积及防火面积的标注。在 Revit 软件中,默认提供"可出租"与"总建筑面积"两种,用户可根据项目实际需求新建"人防分区面积""防火分区面积"等不同类型的面积平面。

切换到"建筑"选项卡→"房间和面积"面板→"面积"下拉菜单→"面积平面"命令,如图 4-127 所示,则在弹出的"新建面积平面"对话框中,设置"类型"为"Gross Building(总平面)",为新建的面积平面选择"Level 1"视图,单击"确定"按钮,如图 4-128 所示。弹出"是否自动创建与外墙和总建筑面积关联的面积边界线"对话框,选择"是",如图 4-129 所示,软件将自动生成以"Level 1"命名的面积平面,蓝色边框为系统自动生成的面积边界线。若选择"否",则需手动绘制边界线。

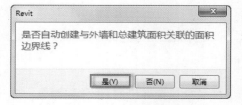

图 4-127 "面积平面"
命令

图 4-128 "新建面积
平面"对话框

图 4-129 "是否自动创建与外墙和
总建筑面积关联的面积边界线"对话框

由于该案例项目中未载入面积标记族,则需手动从族库中载入"标记_面积.rfa"族,如图 4-130 所示。载入后,单击"房间和面积"面板→"标记面积"命令,将鼠标移至黄色亮显的面积区域,如图 4-131 所示,单击即可标注面积。

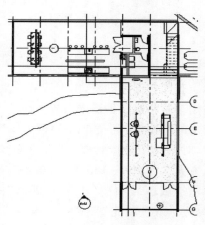

图 4-130 载入族

图 4-131 标注面积

4.14　明细表统计

快速生成明细表作为 Revit 依靠强大数据库功能的一大优势,被广泛接受使用,通过明细表视图可以统计出项目的各类图元对象,生成相应的明细表,如统计模型图元数量、图形柱明细表、材质数量、图纸列表、注释块和视图列表。在施工图设计过程中,最常用的统计表格是门窗统计表和图纸列表。

4.14.1　创建明细表

对于不同的图元可统计出其不同类别的信息,如门、窗图元的高度、宽度、数量、合计和面积等。下面结合 Revit 2016 自带建筑样例项目来创建所需的门、窗明细表视图,学习明细表统计的一般方法。

单击"视图"选项卡→"创建"面板→"明细表"下拉列表→"明细表/数量",弹出"新建明细表"对话框,如图 4-132 所示。在"类别"列表中选择"门"对象类型,即本明细表将统计项目中门对象类别的图元信息;默认的明细表名称为"门明细表",勾选"建筑构件明细表",其他参数为默认,单击"确定"按钮,弹出"明细表属性"对话框,如图 4-133 所示。

图 4-132　"新建明细表"对话框

在"明细表属性"对话框的"字段"选项卡中,"可用的字段"列表中包括门在明细表中统计的实例参数和类型参数,选择"门明细表"所需的字段,单击"添加"按钮到"明细表字段",如:类型、宽度、高度、注释、合计和框架类型。如需调整字段顺序,则选中所需调整的字段,单击"上移"或"下移"按钮来调整顺序。明细表字段从上至下的顺序对应于明细表从左至右各列的显示顺序。

完成"明细表字段"的添加后,单击"属性"框中的"排序/成组"按钮,切换

图 4-133　"明细表属性"对话框

图 4-134　"排序/成组"选项卡

至"排序/成组"选项卡,如图 4-134 所示。设置"排序方式"为"类型",排序顺序为"升序";

取消勾选"逐项列举每个实例",否则生成的明细表中的各图元会按照类型逐个列举出来。单击"确定"后,"门明细表"中将按"类型"参数值汇总所选各字段。

切换至"格式"选项卡,可设置生成明细表的标题方向和样式,单击"条件格式"按钮,在弹出的"条件格式"对话框中,可根据不同条件选择不同字段,对符合字段要求可修改其背景颜色,如图 4-135 所示。

切换至"外观"选项卡。确认勾选"网格线"选项,设置网格线为"细线";勾选"轮廓"选项,设置"轮廓"样式为"中粗线";取消勾选"数据前的空行";其他选项参照图 4-136 设置,单击"确定"按钮,完成明细表属性设置。

图 4-135 "格式"设置

图 4-136 "外观"设置

Revit 会自动弹出"门明细表"视图,如图 4-137 所示,同时弹出"修改明细表/数量"上下文选项卡,以及自动在"项目浏览器"的"明细表/数量"中生成"门明细表"。

切换至"过滤器"选项卡,设置过滤条件,如图 4-138 所示,"宽度"等于"800","高度"大于"2400",单击"确定"按钮,返回明细表视图,则没有符合要求的门。其他过滤条件读者可自行尝试。

<门明细表>					
A	**B**	**C**	**D**	**E**	**F**
类型	**宽度**	**高度**	**注释**	**合计**	**框架类型**
2.027 x 0.945	945	2027		3	
800 x 2100	800	2100		7	
1730 x 2134mm	1730	2134		1	
Curtain Wall Dbl	1440	2080		3	
Entrance door	1440	2660		2	

图 4-137 "门明细表"视图

图 4-138 设置过滤条件

4.14.2 编辑明细表

完成明细表的生成后,如果要修改明细表各参数的顺序或表格的样式,还可继续编辑明细表。单击"项目浏览器"中的"门明细表"视图后,在"属性"框中的"其他"中,如图 4-139 所示,单击所需修改的明细表属性,可继续修改定义的属性。

通过"修改明细表/数量"上下文选项卡,可进一步编辑明细表外观样式。按住并拖动鼠标左键选择"宽度"和"高度"列页眉,单击"明细表"面板中的"成组"工具,如图 4-140 所示,合并生成新表头单元格。

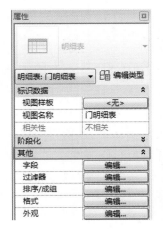

图 4-139 门明细表属性

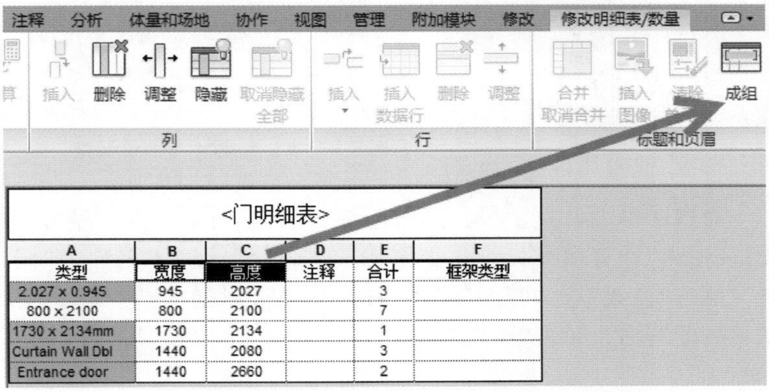

图 4-140 单击"成组"工具

单击"成组"生成新表头单元格,进入文字输入状态,输入"尺寸"作为新页眉行名称,如图 4-141 所示。

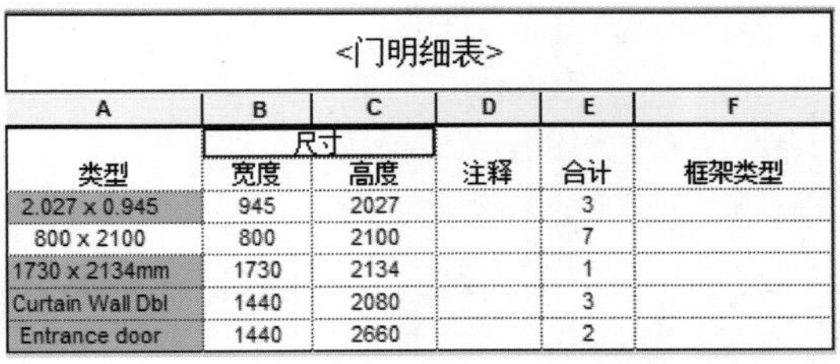

在"门明细表"视图中,单击"1730×2134mm",在"修改明细表/数量"上下文选项卡中,单击"图元"面板中的"在模型中高亮显示"按钮,如未打开视图,则会弹出"Revit"对话框,如图 4-142 所示,单击"确

图 4-141 生成"尺寸"新表头单元格

定"后,弹出"显示视图中的图元"对话框,如图 4-143 所示,单击"显示"按钮可以在包含该图元的不同视图中切换,切换到某一视图,单击"关闭"则会完成项目中对"1730×2134mm"的选择。

图 4-142 Revit 对话框

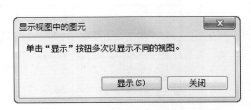

图 4-143 "显示视图中的图元"对话框

切换至"门明细表"视图中,将1730×2134mm的"注释"单元格内容修改为"双扇平开",如图4-144所示。修改后对应的1730×2134mm的实例参数中的"注释"也对应修改,即明细表和对象参数是关联的。

图4-144 修改"注释"单元格

新增明细表计算字段:打开"明细表属性"对话框并切换至"字段"选项卡,单击"计算值"按钮,弹出"计算值"对话框,如图4-145所示。输入名称为"洞口面积",修改"类型"为"面积",单击"公式"后的"..."按钮,打开"字段"对话框,选择"宽度"及"高度"字段,修改为"宽度 * 高度"公式,单击"确定"按钮,返回明细表视图。

图4-145 "计算值"对话框

如图4-146所示,根据当前明细表中的门宽度和高度值计算洞口面积,并按项目设置的面积单位显示洞口面积。

<门明细表>						
A	B	C	D	E	F	G
类型	尺寸		注释	合计	框架类型	洞口面积
	宽度	高度				
2.027 x 0.945	945 mm	2027 mm		3		2 m²
800 x 2100	800 mm	2100 mm		7		2 m²
1730 x 2134mm	1730 mm	2134 mm	双扇平开	1		4 m²
Curtain Wall Dbl	1440 mm	2080 mm		3		3 m²
Entrance door	1440 mm	2660 mm		2		4 m²

图4-146 计算洞口面积

单击"应用程序按钮"→"另存为"按钮→"库"→"视图",可将任何视图保存为单独的 rvt 文件,用于与其他项目共享视图设置,如图 4-147 所示。

在弹出的"保存视图"对话框中,将视图修改为"显示所有视图和图纸",选择"楼层平面 1F"和"明细表:门明细表",单击"确定"按钮即可将所选视图另存为独立的 rvt 文件,如图 4-148 所示。

明细表功能强大,不仅可以统计项目中各类图元对象的数量、材质、视图列表等信息,还可利用"计算值"功能在明细表中进行计算。明细表与模型的数据实时关联,是 BIM 数据综合利用的体现,因此在 Revit 设计阶段,需要制定和规划各类信息的命名规则,前期工作的扎实推进才能保证后期项目不同阶段实现信息共享与统计。

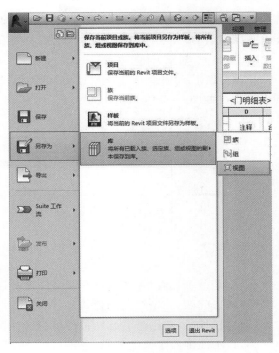

图 4-147 保存视图

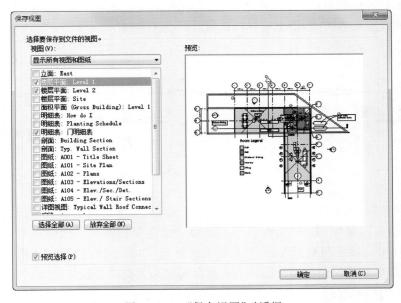

图 4-148 "保存视图"对话框

4.15 布图与打印

在 Revit 中,可以快速将不同的视图和明细表放置在同一张图纸中,从而形成施工图。除此以外,Revit 形成的施工图能够导出为 CAD 格式文件与其他软件实现信息交换。本节主要讲解在Revit项目内创建剖面视图、新建施工图图纸、图纸修订以及版本控制、布置视图及视图设置,以及将Revit视图导出为DWG文件、导出CAD时图层设置等。

4.15.1 创建剖面视图

单击"视图"选项卡→"创建"面板→"剖面"命令→绘制剖面线→处理剖面位置→重命名剖面视图。如图4-149所示。

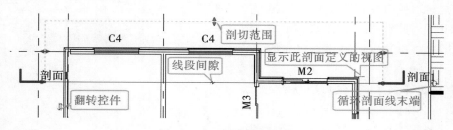

图4-149 创建剖面视图

(1)剖切范围:通过视图宽度和视景深度控制剖切模型的视图范围。

(2)线段间隙:单击线段间隙符号,可在有隙缝的或连续的剖面线样式之间切换。

(3)翻转控件:单击查看翻转控件可翻转视图查看方向。

(4)显示此剖面定义的视图:单击可弹出该剖面视图。

(5)循环剖面线末端:控制剖面线末端的可见性与位置。

剖面线只可绘制直线,但可通过"修改│视图"上下文选项卡的"剖面"面板中的"拆分线段"命令,修改直线为折线,形成阶梯剖面,如图4-150所示。

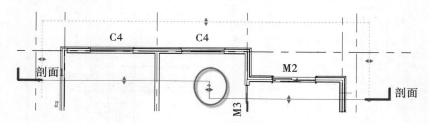

图4-150 阶梯剖面

绘制了剖面视图后,软件自动给该剖面命名。通过在"项目浏览器"中"剖面"视图中,选择所需的剖面,右击鼠标,选择"重命名",可重命名该剖面视图。二维中需单独绘制立面视图,但在Revit中直接绘制剖面线后,可直接生成剖面,如果达到设计要求,则可直接用于出剖面视图,与传统单独绘制剖面相比,Revit剖面功能大大提高了效率。

4.15.2 新建图纸

在完成模型的创建后,如何才能将所有的模型利用,打印出所需的图纸。此时需要新建施工图图纸,指定图纸使用的标题栏族,以及将所需的视图布置在相应标题栏的图纸中,最终生成项目的施工图纸。

单击"视图"选项卡→"图纸组合"面板→"图纸"工具,弹出"新建图纸"对话框。如果此时项目中没有标题栏可供使用,单击"载入"按钮,在弹出的"载入族"对话框中,查找到系统族库,选择所需的标题栏,单击"打开"载入到项目中,如图4-151所示。

图 4-151　在新建图纸中载入族

单击选择"A1 公制",单击"确定"按钮,此时绘图区域打开一张新创建的 A1 图纸,如图
4-152所示,完成图纸创建后,在项目浏览器"图纸"项下自动添加了图纸"A002-未命名"。

图 4-152　新创建的 A1 图纸

单击"视图"选项卡→"图纸组合"面板→"视图"工具,弹出"视图"对话框,在视图列表中
列出当前项目中所有可用的视图,选择"立面:North"视图,单击"在图纸中添加视图"按钮,
如图4-153所示。确认选项栏"在图纸上旋转"选项为"无",当显示视图范围完全位于标题
范围内时,放置该视图。

在图纸中放置的视图称为"视口",Revit 自动在视图底部添加视口标题,默认将以该视
图的视图名称来命名该视口,如图4-154所示。

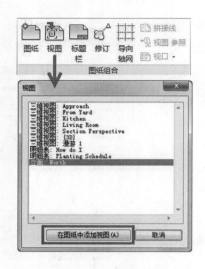

图 4-153　添加视图

图 4-154　视口标题

4.15.3　编辑图纸

新建了图纸后,图纸上很多的标签、图号、图名等信息以及图纸的样式均需要人工修改,施工图纸需要二次修订等,所以面对这些情况均需要对图纸进行编辑。但对于一家企业而言,可事先定制好本单位的图纸,方便后期快速添加使用,提高工作效率。

1. 属性设置

在添加完图纸后,如果发现图纸尺寸不合要求,可通过选择该图纸,在"属性"框的下拉列表中可以修改成其他标题栏。如 A1 可替换为 A2。

在"属性"框中修改"图纸名称"为"North",则图纸中的"图纸名称"一栏中自动添加"North"。其他的参数,如"审核者""设计者""审图员"等,修改了参数后会自动在图纸中修改,如图 4-155 所示。

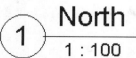

图 4-155　属性设置

2. 图纸修订与版本控制

在项目设计阶段,难免会出现图纸修订的情况。通过 Revit 可记录和追踪各修订的位置、时间、修订执行者等信息,并将所修订的信息发布到图纸上。

单击"视图"选项卡→"图纸组合"面板→"修订"工具,在弹出的"图纸发布/修订"对话框中,如图 4 - 156 所示,单击右侧的"添加"按钮,可以添加一个新的修订信息。勾选序列 1 为已发布。

图 4 - 156 "图纸发布/修订"对话框

编号选择"每个项目",则在项目中添加的"修订编号"是唯一的。而按"每张图纸"则编号会根据当前图纸上的修订顺序自动编号,完成后单击"确定"按钮。

打开"North"立面视图,单击"注释"选项卡→"详图"面板→"云线"工具,切换到"修改│创建云线批注草图"上下文选项卡,使用"绘制线"工具按图 4 - 157 所示绘制云线批注框选问题范围,完成后勾选"完成编辑"完成云线批注。

选中绘制的云线批注,在图 4 - 158 中的"选项栏"只能选择"序列 2 - 修订 2",因为"序列 1 - Revision 1"已勾选已发布,Revit 是不允许用户向已发布的修订中添加或删除云线标注的。在"属性"框中,可以查看到"修订编号"为 2。

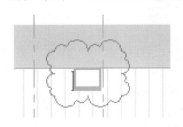

图 4 - 157 绘制云线批注

图 4 - 158 选择"序列 2-修订 2"

在"项目浏览器"中打开图纸"A002 - North",则在立面视图中绘制的云线标注同样添加在"A002 - North"图纸上。

打开"图纸发布/修订"对话框,通过调整"显示"属性可以指定各阶段修订是否显示云线或者标记等修订痕迹。在"显示"属性中选择"云线和标记",则绘制了云线后,会在平面图中显示。

4.15.4 图纸导出与打印

图纸布置完成后,目的是用于出图打印,可直接打印图纸视图,或将制定的视图或图纸导出成 CAD 格式,用于成果交换。

1. 打印

单击"应用程序菜单"按钮,在列表中选择"打印"选项,打开"打印"对话框,如图 4－159 所示。在"打印机"列表中选择打印所需的打印机名称。

在"打印范围"栏中可以设置要打印的视图或图纸,如果希望一次性打印多个视图和图纸,选择"所选视图/图纸"选项,单击下方的"选择"按钮,在弹出的"视图/图纸集"中,勾选所需打印的图纸或视图即可,如图 4－160 所示。单击"确定",回到"打印"对话框。

在"选项"栏中进行打印设置后,即可单击"确定"开始打印。

图 4－159　"打印"对话框　　　　图 4－160　勾选要打印的图纸或视图

2. 导出 CAD 格式

Revit 中所有的平、立、剖面、三维图和图纸视图等都可导出成 DWG、DXF/DGN 等 CAD 格式图形,方便为使用 CAD 等工具的人员提供数据。虽然 Revit 不支持图层的概念,但可以设置各构件对象导出 DWG 时对应的图层,如图层、线型、颜色等均可自行设置。

单击"应用程序菜单"按钮→在列表中选择"导出"→"CAD 格式"→"DWG",弹出"DWG 导出"对话框,如图 4－161 所示。

在"选出导出设置"栏中,单击"…"按钮,弹出"修改 DWG/DXF 导出设置"对话框,如图 4－162 所示。在该对话框中可对导出 CAD 时需设置的图层、线型、填充图案、颜色、字体、CAD 版本等进行设置。在"层"选项卡中,可指定各类对象类别以及其子类别的投影、截面图形在 CAD 中显示的图层、颜色 ID。可在"根据标准加载图层"下拉列表中加载图层映射标准文件。Revit 提供了 4 种国际图层映射标准。

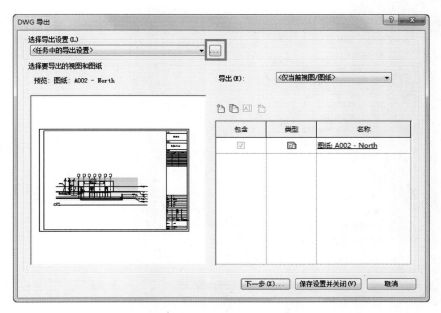

图 4 - 161 "DWG 导出"对话框

图 4 - 162 "修改 DWG/DXF 导出设置"对话框

设置完除"层"外的其他选项卡后,单击"确定"完成设置回到"DWG 导出"对话框。单击"下一步"转到"导出 CAD 格式-保存到目标文件夹"中,如图 4 - 163 所示。指定文件保存位置、文件格式和命名,单击"确定"按钮,即可将所选择的图纸导出成 DWG 数据格式。如果希望导出的文件采用 AutoCAD 外部参照模式,勾选"将图纸上的视图和链接作为外部参照导出",此处不勾选。

外部参照模式,除了将每个图纸视图导出为独立的与图纸视图同名的 DWG 文件外,还可单独导出与图纸视图相关的视口为单独的 DWG 文件,并以外部参照文件的方式链接至图纸视图同名的 DWG 文件中。要打开 DWG 文件,则需打开与图纸视图同名的 DWG 文件即可。

图 4 - 163   设置导出格式

除导出为 CAD 格式外,还可以将视图和模型分别导出为 2D 和 3D 的 DWF(Drawing Web Format)文件格式。DWF 是由 Autodesk 开发的一种开放、安全的文件格式,可以将丰富的设计数据高效地分给需要查看、评审或打印这些数据的任何人,相对较为安全、高效。其另外一个优点是:DWF 文件高度压缩,文件小,传递方便,不需安装 AutoCAD 或 Revit 软件,只需安装免费的 Design Review 即可查看 2D 或 3D 的 DWF 文件。

专业实践篇

第 5 章   方案构思与设计流程

教学导入

本章主要介绍了参数化设计的基础理论与方法,通过相关内容的学习,要求理解参数化设计的思维与逻辑,掌握概念体量模型的创建流程以及体量模型转化为建筑模型的操作流程。

学习要点

体量化;纹理化;构件化

5.1   Revit 的参数化设计方法

Revit 的参数化设计方法是应用于建筑设计的方案构思与概念设计阶段的重要方法。作为 BIM 平台下最具代表性的设计软件之一,参数化设计、构件关联性设计、参数驱动形体设计和协作设计是 Revit 的主要特征。

参数化设计方法是有别于传统的一种全新的设计方法,是一种可以使用各种工程参数来创建、驱动三维模型,并可以利用模型进行性能分析与模拟优化的设计方法,它是实现 BIM 全生命周期、提升设计质量和效率的重要技术保障。

参数化设计的特点为:全新的专业化三维设计工具、实时的三维可视化、更先进的协同设计模式、由模型自动创建施工图纸及明细表、一处修改处处更新、配套的分析及模拟工具等。

5.1.1   理解参数化

Revit 软件使用当中可以说"处处是参数"。参数化是指 Revit 模型的所有图元之间的关系,这些关系可实现 Revit 的协调和管理功能。这些关系可以由软件自动创建,也可以由设计者在项目开发期间创建。参数化建模就是用专业知识和规则来确定几何参数和约束的一套建模方法,它有如下特点:

(1)通过定义和附加参数来生成并驱动建筑形体,当改变一个参数,形体可以进行自动更新,从而帮助我们进行形体研究(Revit 的参数化不涉及有关算法的设计);

(2)可以在软件中对不同的对象(例如一堵墙和一扇窗)之间施加参数化约束;

(3)可以通过一个参数推导其他空间上相关对象的参数(例如报告参数);

(4)参数的约束能够被系统自动维护。

5.1.2   理解族

族是理解 Revit 参数化设计的重要概念。通过前面章节的讲解,肯定已经了解了族在基本建模当中的重要作用。在软件的启动界面,也可以清晰地看到软件环境分成"项目"与"族"两大部分,这说明"族"在整个软件架构当中撑起了"半边天"。Revit 的功能相当强大,但"入门易、精通难",难就难在对"族"的理解与应用上,如图 5-1 所示。

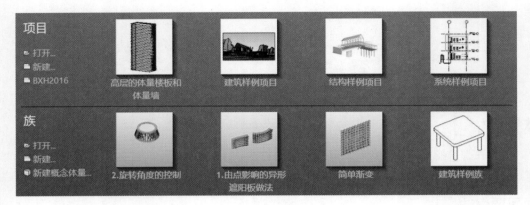

图 5-1　软件界面

族是一个构件组合的概念,Revit模型是由无数个族构件拼装而成。族的种类很多,不仅包括建筑部件、几何形状,还可以模拟材料的各类特性以及受力状况等属性。族又是一个参数化的概念,可以通过调节设置已经建立好的族中的诸多参数,以改变构件的形状,满足设计的要求。

族的引入和参数化,基本上可以建立数学上能够表达的所有模型。在本章中,将着重讲解"族"中的概念体量功能。

5.1.3　概念体量

在方案构思与概念设计的最初阶段,需要的是简单易用的三维建模工具来快速建立形体,沟通创意,展示想法。Revit中的概念体量就是这样的理想工具,它强大的建模功能可以快速创建形体,简便调整,并可利用参数化关联修改。利用Revit的概念体量工具创建体量,完成体量后生成体量楼层,利用体量楼板和体量墙、体量屋顶、幕墙系统快速生成建筑实体模型,如图5-2所示。

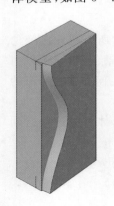
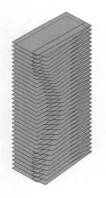
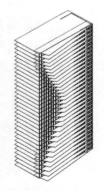
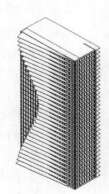

图 5-2　由体量开始快速生成模型的过程

把体量载入项目中,也可以同步获得项目的建筑面积、建筑密度、总容积率等重要指标,从而快速完成项目的前期策划与数据分析。

体量工具还可以轻松解决极富细节的异形表皮与大面积的幕墙设计。Revit的幕墙系统是一个很强大的工具,只需在项目环境中用内建体量完成幕墙的外轮廓,就可以用幕墙系统快速创建出整体的幕墙。而在 Revit 的概念体量环境中,不管多么复杂的外形都可以被视为一个整体来解决。下面将重点讲授的就是"概念体量"创建表皮(幕墙)的思路与方法。

5.2 Revit 的概念体量模型创建流程

5.2.1 流程:体量化—纹理化—构件化

建筑设计是有流程的,再复杂的设计也是一个从宏观到微观、从粗略到精细、从模糊到清晰的一个过程。Revit 的概念体量有一套独特的参数化设计与建模的流程,即"体量化—纹理化—构件化",如图 5-3 所示。

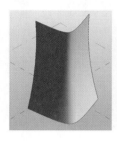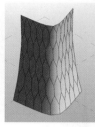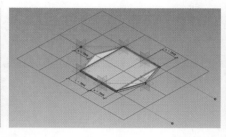

图 5-3 "体量化——纹理化——构件化"的过程

5.2.2 体量化

体量化就是创建形状。

体量既可以在项目中用"内建体量"创建,也可以在族中新建"概念体量"创建。在项目环境中虽然也能够很方便地创建体量,但毕竟不如"概念体量"环境中来得那么自由、便捷、灵活。本书在本章 5.5 节中将重点讲授如何在"概念体量"中创建并推敲方案的形体。

5.2.3 纹理化

纹理化就是分割体量表面。

当体量完成后,就要开始进行细部的深化与设计,其中如何分割体量表面并将其纹理化处理是一个关键步骤。为了满足设计当中的各种复杂情况,纹理化可以是规则的,也可以是不规则的。

规则的表面纹理化即 UV 分割,UV 分割是 Nurbs 曲面默认的一种分割方式,通过 UV 网格可以简单快速地将表面分割(Revit 提供了 16 种预设的 UV 网格填充图案),可调整网格方向、旋转角度、偏移量等。UV 分割交叉而成的节点提供了可供自适应构件放置的主体(自适应构件后面会详解),然后基于该图案制作的嵌板构件族(其实也是一种特定的自适应构件族)自动适应到其形体表面上,从而快速实现了表皮建模的过程。其流程如图 5-4 所示:①UV 网格分割表面;②选择填充图案,制作嵌板构件;③应用基于填充图案的嵌板构件族。

不规则的表面纹理化是通过"交点"来分割表面的,需要手工添加标高、参照平面等方式求得表面与划线面的相交线,从而获得更加自由的表面分格。然后通过"交点"命令分割体量表面,再加载自适应构件,捕捉分割交叉而成的节点并控制其重复的规则,从而实现高度灵活的纹理化设计,如图 5-5 所示。

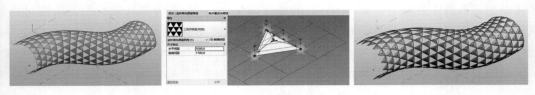

图 5-4 规则表皮建模流程

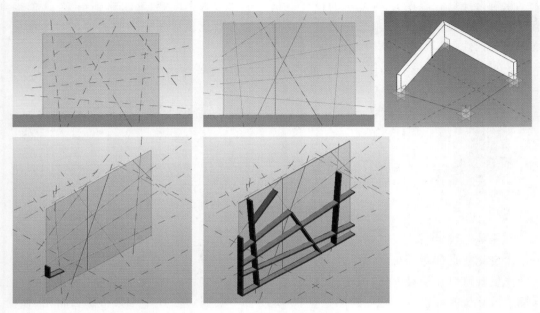

图 5-5 不规则表皮建模流程

如果与 Dynamo 工具结合使用,则可以实现更加复杂和精确的控制和调整。Dynamo 插件的应用见后面第 6 章详述。

5.2.4 构件化

构件化就是创建参数化可控的自适应构件。

自适应构件是基于镶嵌理论的,对于周期性镶嵌结构具有较强的适应性。当镶嵌单元(嵌板)被定义后,可以自动调整其大小附着在镶嵌网格上,从而完成构件化的过程。当建筑模型在体量环境下改变形状后,自适应构件可以重新附着在新的体量上,自动完成网格和构件的重构过程。

Revit 构件化的方法有两种:

(1)嵌板构件:"基于公制幕墙嵌板填充图案"上的"点",其实也是自适应点,基于它制作的构件也可以说是一种特定的自适应构件,只不过软件已经将它与填充图案嵌板紧密结合在一起了,难以灵活编辑。

(2)自适应构件:在"自适应公制常规模型"的族样板文件中,用"使自适应"命令可以将点转换为自适应点。自适应构件能够灵活适应不同的主体形式,并通过"重复"命令覆盖整体。运用报告参数及设定的公式,自适应构件还能够形成旋转、渐变等复杂且有规律的形体。

5.3 体量模型深化为建筑模型

体量模型需载入到项目中继续深化为建筑模型,已经完成的大面积幕墙、异形表面构件等将直接成为建筑模型的一部分使用,接下来的工作流程为:

(1)在项目环境中添加标高,通过"体量楼层"和"面楼板"命令进行建筑的楼层和楼板设计。

(2)建筑模型中的异形墙(如斜墙)、异形幕墙、异形屋顶和玻璃天窗等都可以通过用"面墙""面屋顶""幕墙系统"命令,选取体量模型的表面直接生成。

(3)深化模型细节,做到内外兼修。

5.4 从基本问题开始:点、线、面

启动 Revit 软件,打开"新建概念体量"文件夹,进入"公制体量"族样板。

5.4.1 点——参照点、自适应点

"创建"面板下的"模型"和"参照"里面都可以看到"点",它们都是参照点。参照点主要用于设置工作平面、控制曲线、生成自适应点等功能,如图 5-6 所示。

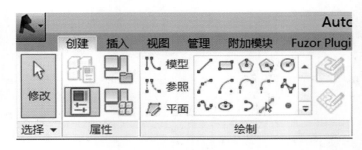

图 5-6 参照点

参照点又可以分为自由点、基于主体的点和驱动点。自由点可以在三维空间中随意移动,基于主体的点要在主体上移动,驱动点用于驱动曲线变形。对于"点"需要掌握的重点是学会"控制"。

自适应点部分的内容详见 5.7.2 节自适应构件部分介绍。

5.4.2 线——模型线、参照线

"创建"命令下"模型""参照"面板工具都可以绘制"线"。

模型线和参照线两者最大的区别在于参照线自带多个工作平面,并且生成体量之后参照线自身还会存在并可以控制整个形体;模型线在创建形状之后如删除形状,则模型线也不复存在。

参照线在"载入到项目"之后不会显示,而模型线则会显示。

模型线和参照线是可以相互转换的,如图 5-7 所示。

5.4.3 面——三维工作平面

当鼠标经过绘图区域中可用的三维工作平面时,系统会将平面自动检测出来,单击选择其中一个工作平面即可在其上绘制图元,这些平面包括:

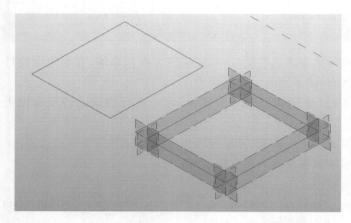
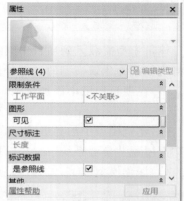

图 5-7　模型线和参照线

（1）标高与参照平面：在概念体量设计环境的默认视图中已有标高与参照平面，它们都以线的形式显示。可以创建新的标高，可以复制现有的或绘制新的参照平面，如图 5-8 所示。

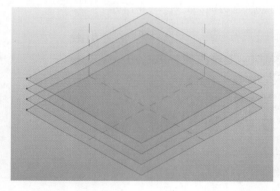
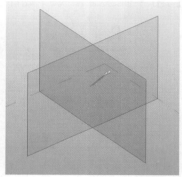

图 5-8　标高与参照平面

（2）体量表面：鼠标经过体量表面时显示为可用的即为三维工作平面，如图 5-9 所示。

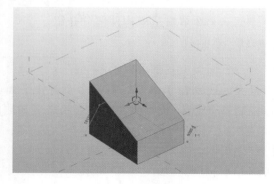

图 5-9　体量表面

按 Tab 键可以切换选择图元。

5.5 体量化——创建形状

5.5.1 新建概念体量

在"新建族"下找到"基于公制幕墙嵌板填充图案""自适应公制常规模型"这两个文件，复制到"新建概念体量"文件中与"公制体量"放在一起，这三个族文件将是本章重点要学习掌握的内容，如图5-10所示。

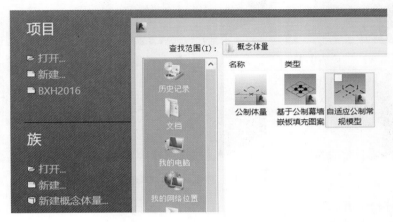

图5-10 三个族文件

Revit的概念体量提供了全面的形体创建和修改工具。我们只要画出线或面并选择，然后点击"创建形状"，软件就会自动判断当前可以产生的形状类型供用户选择，创建过程基本可概括为：选面—画线—选线—生形，如图5-11所示。

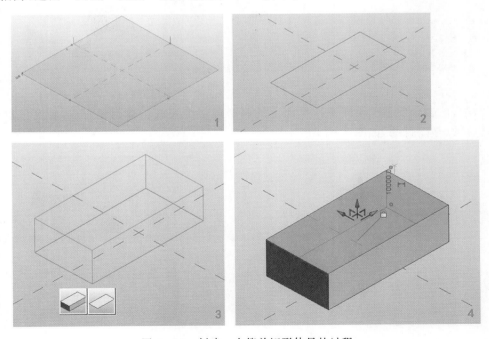

图5-11 创建一个简单矩形体量的过程

创建好的形体其每个角点、每条边、每个面都具有一个三维控制坐标,可以沿局部或全局坐标系(按空格键切换)所定义的轴或平面对形状进行编辑修改,从而直接操纵控制形状,如图 5-12 所示。

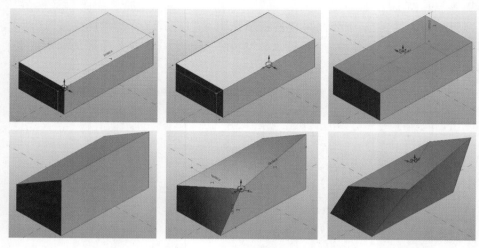

图 5-12 体量形状的控制

5.5.2 自由塑形

在概念体量中创建几何形体的过程简单而又智能,有五种基本的形状类型,即拉伸、融合、旋转、放样、放样融合。

(1)拉伸:开放的线拉伸出一个表面,闭合的轮廓拉伸出一个形体,如图 5-13 所示。

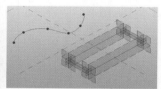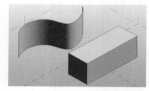

图 5-13 拉伸

(2)融合:融合要基于不同工作平面上的两个或多个线或轮廓创建而成,轮廓可以是开放的,也可以是闭合的,如图 5-14 所示。

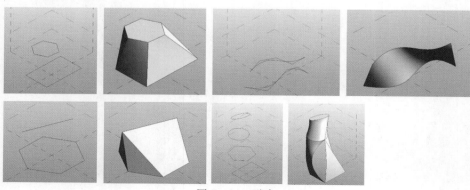

图 5-14 融合

（3）旋转：旋转要基于绘制在同一工作平面上的线和二维形状而创建,线用于定义旋转轴,二维形状绕该轴旋转形成形状,如图 5 – 15 所示。

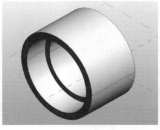

图 5 – 15　旋转

（4）放样：放样要基于沿某个路径的二维轮廓创建,轮廓由线处理组成,线处理垂直于用于定义路径的一条或多条线而绘制。选择该轮廓和路径,然后单击"创建形状",即可创建放样,如图 5 – 16 所示。

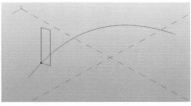

图 5 – 16　放样

（5）放样融合：即"又放样又融合",基于沿某个路径放置的两个或多个二维轮廓而创建,轮廓由线处理组成,而线处理垂直于用于定义路径的线,如图 5 – 17 所示。

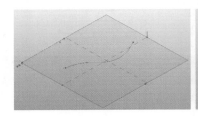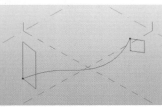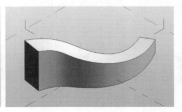

图 5 – 17　放样融合

"创建形状"工具下有"实心形状"和"空心形状"两个选项,"实心形状"用于创建实心几何图形,"空心形状"用于创建插入实心几何图形的负形（挖掉的部分）,如图 5 – 18 所示。

5.5.3　体量的修改与编辑

（1）"透视、添加边、添加轮廓、融合、拾取新主体、锁定轮廓"这些都是修改编辑体量的重要工具,如图 5 – 19 所示。

（2）鹅卵石小体量练习步骤要点：在标高 1 上先用两条样条曲线画出封闭的轮廓,首尾保持光滑连接,参照线、模型线均可,但要注意区别；复制标高和轮廓,用比例缩放轮廓,然后生形；或者直接拉起形体,给形体添加轮廓,用比例缩放调节轮廓,得到形体,如图 5 – 20 所示。

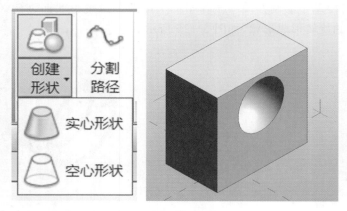

图 5 - 18　实心与空心

图 5 - 19　体量的修改与编辑

图 5 - 20　鹅卵石小体量练习

5.6　纹理化——分割体量表面

体量表面的纹理化主要有两种方式：规则的 UV 分割和不规则的通过"交点"分割。

5.6.1　UV 分割

UV 分割就是利用 UV 双向网格对表面作快速的有理化处理，可按编号或距离来设置。

（1）单击体量的一个表面，点击"修改形式"下的"分割表面"，即出现"U 网格""V 网格"，如图 5 - 21 所示。

（2）点击网格线，在"属性"栏出现软件系统预设的 16 种填充图案，选择其中一个图案，诸者最好把每一个都尝试后看一下效果，如图 5 - 22 所示。

（3）在"属性"面板可以看到 UV 网格的主要控制参数：边界平铺（注意三个子选项"空""部分""悬挑"的区别），网格旋转（角度），网格数量、对正方式、偏移量，构件的旋转、镜像、翻转等，读者可以尝试调整这些参数看一下效果。

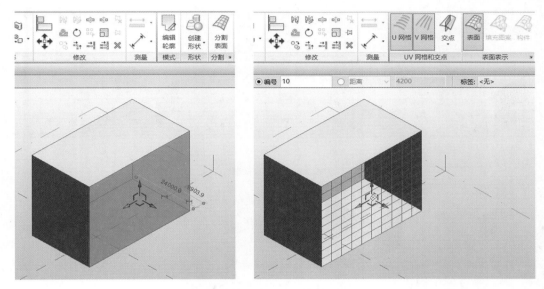

图 5-21　UV 分割

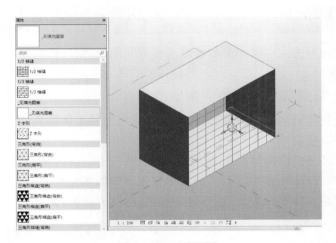

图 5-22　选择图案

5.6.2　通过"交点"分割

需要手动添加或复制标高、参照平面、模型线、参照线等以求得表面与划线面的相交线。

(1)选择体量的一个表面,分割表面之后,再把 UV 网格关闭。

(2)设置该表面为工作平面并使之"显示",进入正视图,画几个斜向的参照平面。

(3)点击该表面,点击"交点"下的"交点"命令,然后选择需要相交在一起的全部对象,点击"完成"。

(4)从"表面表示"下勾选"表面"下的"节点",即可显示出表面与手动添加的参照平面的交点。通过"交点"分割的方式可以和 UV 分割的方式同时存在,如图 5-23 所示。

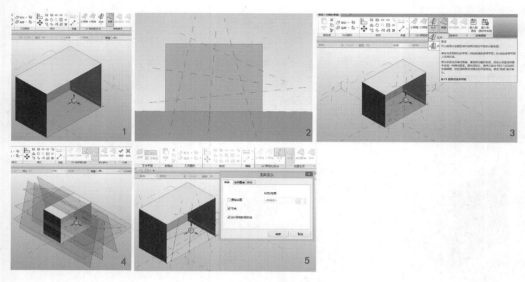

图 5 - 23   通过"交点"分割

5.7   构件化

构件化主要有两种方式:"基于公制幕墙嵌板填充图案"制作的构件和"自适应公制常规模型"制作的构件。

5.7.1   基于公制幕墙嵌板填充图案的构件

这是一种标准化定制构件,通过创建构件族并应用加载于体量表面,可以快速得到一个三维的参数化构件表皮。

(1)首先打开"基于公制幕墙嵌板填充图案"族,单击图中的网格线,出现"修改瓷砖填充图案网格",发现显示的填充图案与 UV 分割体量表面的图案完全一样,它们是一一对应的,选择与分割表面对应的特定图案如"矩形"作为创建构件的嵌板,如图 5 - 24 所示。

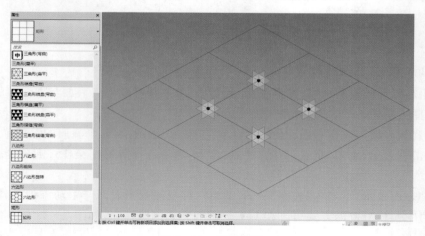

图 5 - 24   矩形嵌板

（2）放大看一下四个点，发现其实这四个点也是自适应点，有编号顺序（逆时针方向排列），基于它制作的构件也可以说是一种特定的自适应构件，如图5-25所示。

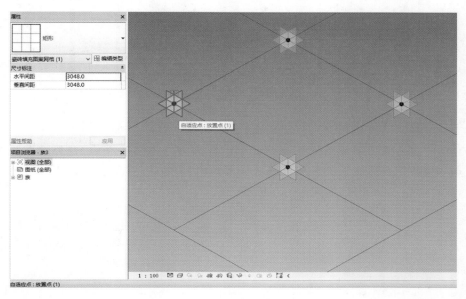

图5-25　自适应点

（3）在网格的参照线上放点，选中点做构件截面，比如做简单的圆形截面，标注圆的半径尺寸，选中尺寸标注添加"标签"使之参数化可控，选中圆、参照线创建形状，生成构件，保存文件并命名，如图5-26所示。

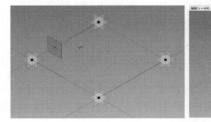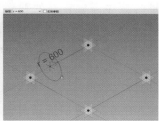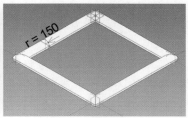

图5-26　制作嵌板构件

（4）创建构件的过程中，把长度、半径、角度、距离等尺寸参数化是十分重要的，之后只需修改相应的参数就可以得到另外一种构件了。还可以把这些构件的族文件分好类别保存在一起，以方便应用于其他项目。

（5）将创建的嵌板构件"载入到项目"的体量环境后，单击分割完成的表面，在"属性"面板选择刚刚载入进来的构件，构件即刻分布在体量表面，这时表面的纹理将不再是两维的填充，而是三维的嵌板构件填充，如图5-27所示。

（6）当嵌板构件填充到体量表面之后，还可以随时对形体进行直接调整或者参数调整，构件嵌板会很智能地根据表面的调整变化而变化。建议读者把16种图案都尝试一遍看一下效果。

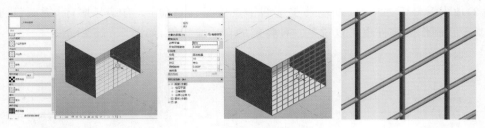

图 5-27 加载嵌板构件

5.7.2 基于"自适应公制常规模型"的构件(简称自适应构件)

(1)打开"自适应公制常规模型"族样板,在"标高 1"上放置一个点,选择该点并点击"修改参照点"下的"使自适应",该参照点即变成了"自适应点"。接下来可以再放置几个,重复前步骤,注意观察点的变化,如图 5-28 所示。

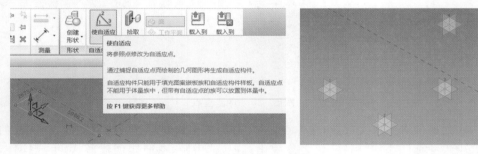

图 5-28 放置参照点并"使自适应"

(2)自适应点是有编号的,编号的顺序即放置点的顺序,也可以重新调整编号顺序。这个顺序十分重要,它决定了自适应构件载入到项目中的放置顺序,编号顺序不同,构件载入后的形式也会不同。

(3)自适应点可以分为放置点和造型操纵柄点两种类别,两者都可以用于驱动构件变形。两者的区别在于造型操纵柄点没有编号信息,在放置构件时不需要对其定义主体。另外,造型操纵柄点还有一个"受约束"的参数,可以通过修改参数为"无、YZ 平面、ZX 平面、XY 平面"来规定点的受约束方式,如图 5-29 所示。

图 5-29 造型操纵柄点

(4)每个自适应点还具有方向属性,可以决定自适应构件放置时的方向。自适应点的方向参数是特别需要注意的问题,一个自适应点共有六种方向参数可供选择,分别为:实例(xyz)、先实例(z)后主体(xy)、主体(xyz)、主体和环系统(xyz)、全局(xyz)、先全局(z)后主体(xy)。

①全局:放置自适应族实例(族或项目)的环境的坐标系。

②主体：放置实例自适应点的图元的坐标系。

③实例：自适应族实例的坐标系。

下面做一个练习：在体量里做一个弧形表面，做六种不同方向参数控制的简单自适应构件，然后在弧面上把它们排列在一起进行比较，就能够比较清晰地明白这个方向的问题了，如图5-30所示。

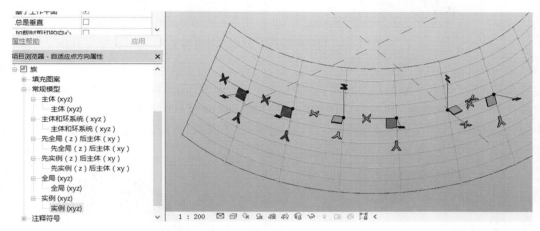

图5-30　自适应点的六种方向参数研究

（5）自适应构件需手动放置在分割表面的节点上，手动放置的好处在于可以自定义放置点的个数和放置到网格上的方式，同时利用"修改分割的表面"下的"重复"命令在分割好的路径或表面上进行有规律的阵列分布，因而具有更大的灵活性和适应性。

（6）分割路径、重复：在体量中画一条样条曲线，单击"修改|线"下的"分割路径"，线被分割为等距离节点的段，可以修改分割路径的节点数。载入一个自适应构件放置到节点上，使用"重复"命令，如图5-31所示。

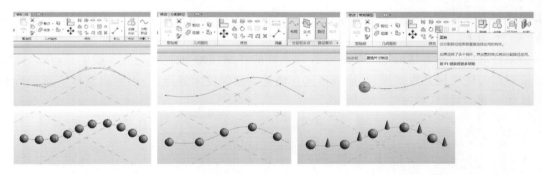

图5-31　分割路径、重复

5.7.3　三种嵌板形式在曲面上的区别

根据嵌板单元自适应控制点的不同，有以下三种方法创建嵌板构件，我们研究比较它们应用于曲面上的区别。

首先在体量中创建一个曲面、分割表面，勾选表面表示中的节点选项显示出节点，便于嵌板导入时自适应点的放置，如图5-32所示。

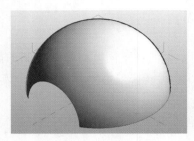
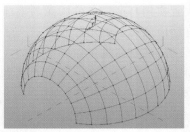

图5-32 创建曲面,UV分割并显示出节点

1. 方法一

新建"基于公制幕墙嵌板填充图案"的族文件,选中由四个自适应点形成的闭合线轮廓直接生成一个方块嵌板,载入曲面体量中,将嵌板按自适应点的顺序放置到分割网格节点上,再点击修改选项栏中的重复命令,嵌板将平铺整个曲面,嵌板形式在曲面上的效果保持为一个一个的方块,如图5-33所示。

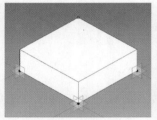
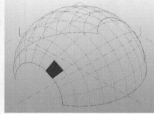
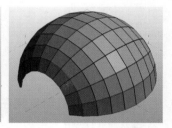

图5-33 直接法

2. 方法二

新建"基于公制幕墙嵌板填充图案"的族文件,先选中一个自适应点水平的工作平面并放置参照点,再将此参照点向上偏移,接着在属性栏偏移量按钮中添加关联族类型参数(h),用同样的方法放置其他三个参照点并向上偏移,都关联参数(h),这样能保证四个偏移点都在一个平面上。

用自适应点和偏移出来的参照点各自连成的参照线融合生成一块嵌板单元,载入曲面体量中如前法应用并重复操作,嵌板形式在体量表面保持无缝连接,但曲面整体依然是折面拼接在一起的效果,如图5-34所示。

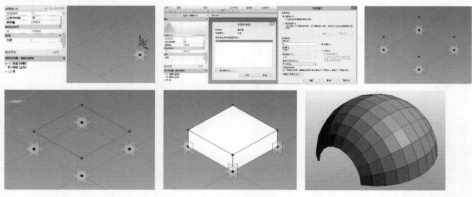

图5-34 偏移法

3. 方法三

新建"自适应公制常规模型"的族文件,设置水平的工作平面放置九个参照点并将其转变成自适应点,注意自适应点的编号顺序(一般按顺时针或逆时针顺序放置)。

按照方法二描述的步骤分别放置九个偏移出来的参照点并都关联偏移距离参数(h),保证九个参照点的偏移距离一致。接着用"通过点的样条曲线"把同一边的三点连线,两点连线(通过点的样条曲线命令能保证绘制的线一定通过点),绘制完成三个封闭的轮廓后将其全部选中创建形状,就融合成了一块有九个自适应点和九个参照点的整体嵌板。将嵌板载入体量中,注意一定要按自适应点的编号顺序放置到体量曲面的分割节点上,使用"重复"命令,就会发现这一次的嵌板形式完全贴合了曲面的表面形态并平滑过渡,整体效果非常理想,如图5-35所示。

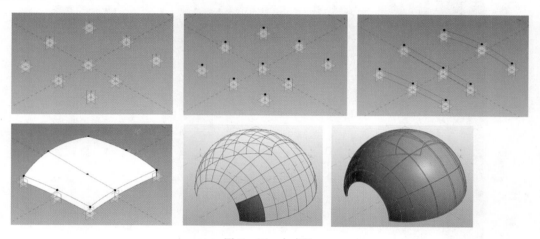

图5-35　九点法

如果出现如图5-36所示的情况,将九个自适应点的方向属性全部改为定向到"主体(xyz)"即可。

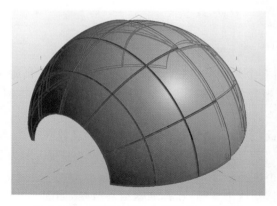

图5-36　自适应点方向没有统一的效果

总结一下曲面上的这三种嵌板形式,将它们分别简称为:直接法(有缝隙)、偏移法(无缝隙)、九点法(全贴合),应根据实际应用的不同需求使用这三种不同的嵌板。

5.8 报告参数

报告参数是一种实例参数,其值由模型中的特定尺寸标注来确定。报告参数可从几何图形条件中提取值,然后使用它向公式报告数据或用作明细表参数。报告参数顾名思义,就是当这个带有报告参数的自适应构件载入到另一个族文件后,可以"报告"这个参数的值,然后利用这个值来改变原自适应构件的一些变量参数。长度、半径、角度等均可用作报告参数(注意面积不能用作报告参数)。

下面通过一个"简单渐变"的实例来体会一下报告参数的作用。

(1)设置五个自适应点,用1、2、3、4点做一个中间挖圆洞的方形嵌板,如图5-37所示。

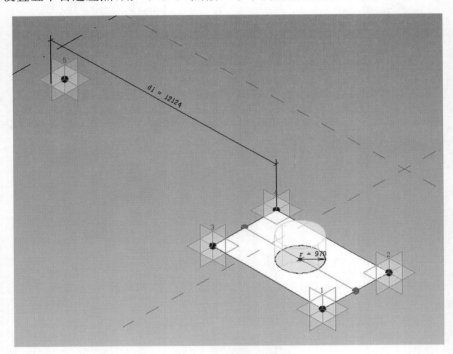

图5-37 简单渐变第一步

(2)设置两个参数:一个是圆洞半径(r),还有一个是4、5号自适应点之间的距离(di),注意要把"di"设置成一个报告参数,将"di"与"r"用公式关联起来(本例为if条件语句)。如图5-38所示。

(3)将嵌板载入体量,手动放置第一个嵌板,第五个点放在一个已绘制好的参照点上,然后点选嵌板,使用"重复"命令,构件自动适应到幕墙网格表面,因为每个自适应构件的"di"参数不同,所以圆洞大小也不一样,如图5-39所示。

(4)现在试着手动移动这个参照点,幕墙也跟着改变,如图5-40所示。

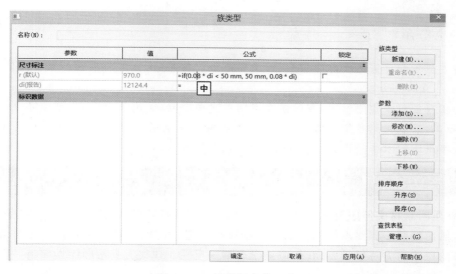

图 5-38　简单渐变第二步

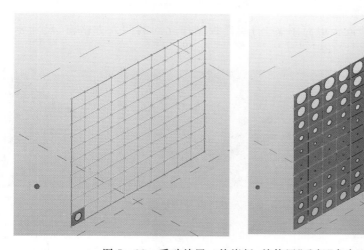

图 5-39　手动放置一块嵌板,并使用"重复"命令

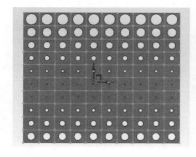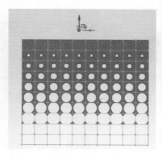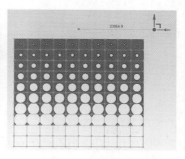

图 5-40　移动参照点的变化效果

小提示

(1)类型参数与实例参数的区别:类型参数修改的是"这一类",实例参数修改的是"这一个"。

(2)在报告参数的使用中,有时候在空间中建两个点,无论是什么点,都测不到两点之间的直线距离,只能得到某个平面内的距离,其实解决方法很简单,画一条通过此两点的参照线,设置参照线的水平平面为工作平面,然后标注即可。

5.9 案例练习

教材所附素材文件中有案例练习的模型文件,读者打开模型,点击构件进入"编辑族"仔细研究,然后按照步骤要点操作一遍。掌握操作才是学习的关键。注意研究报告参数的公式、建模的思路与方法最重要,我们应该学会举一反三。建议大家按顺序做完每一个练习。

5.9.1 表面嵌板

1. 立面凹入的方格窗

利用"基于公制幕墙嵌板填充图案"的族样板制作立面的凹入方格窗,尺寸要参数化可控,如图5-41所示。

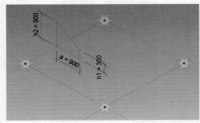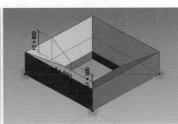

图5-41 立面凹入方格窗关键步骤示意

2. 立面排砖、简单凹凸变化的表面

用"1/2错缝"填充图案,立面排砖的缝隙是由点的测量类型参控的,可以用规格化曲线参数,也可以用线段长度参数。凹凸变化比较简单,就是厚度的变化,如图5-42所示。

图5-42 简单渐变关键步骤示意

3. 穹顶无缝嵌板

(1)层层凹入的嵌板是由点的测量类型参控,但必须是规格化曲线参数;

(2)用"偏移法"做嵌板,得到无缝衔接效果,如图5-43所示。

4. 景观亭

看似复杂的构件其实并不难做,首先要分析和寻找规律,做辅助的参照平面和点以利于

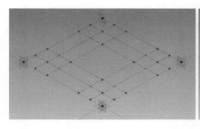 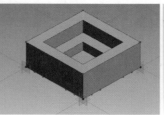 

图 5-43　穹顶无缝嵌板关键步骤示意

形式调整,先做出简单的线或面载入体量看一下效果,然后返回调整,增加参控,一步步得到最终结果,这样有利于发现问题和错误,如图 5-44 所示。

 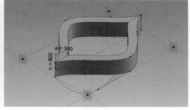 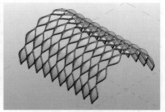

图 5-44　景观亭关键步骤示意

5. 手动替换嵌板

(1)不是一个嵌板就能解决,需要做两个以上嵌板;

(2)手动替换,如图 5-45 所示。

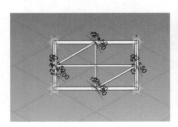 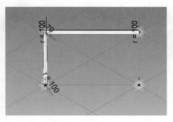 

图 5-45　手动替换嵌板关键步骤示意

6. 九点法曲面嵌板

用自适应的"九点法"做曲面嵌板,如图 5-46 所示。

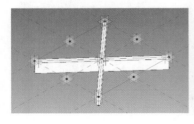 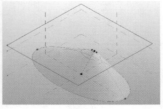 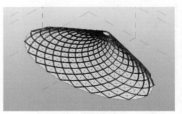

图 5-46　九点法曲面关键步骤示意

7. 网架

网架是"基于公制幕墙嵌板填充图案"最广泛的应用之一,建模的关键要点有:

（1）划分单元构件；

（2）网架杆件的尺寸参控，如图5－47所示。

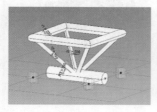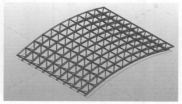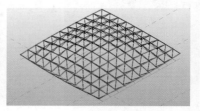

图5－47　网架关键步骤示意

5.9.2　自适应构件练习

1. 螺旋上升的嵌板

（1）自适应构件是由"九点法"演变而来的"六点法"；

（2）自适应构件在放置后"重复"的规律性，如图5－48所示。

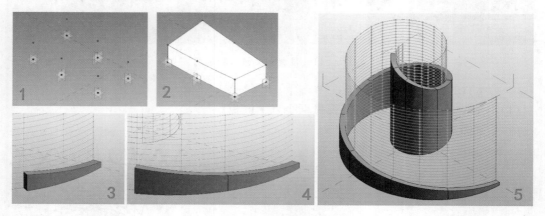

图5－48　螺旋上升的嵌板关键步骤示意

2. 花格表皮

建模思路就是自适应构件"嵌套"使用在"基于公制幕墙嵌板填充图案"上，如图5－49所示。

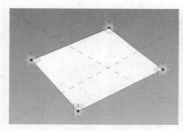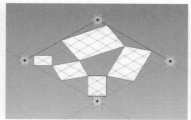

图5－49　花格表皮关键步骤示意

3. 嵌套构件

（1）这是自适应构件的"嵌套"使用。

（2）最具启发性的思路是螺旋上升的构件是通过"错开"放置自适应构件做出来的。第一个"错开"是体量上下截面均匀路径划分以后用自适应构件上下连接时是错开连接的,这样重复的时候就形成了螺旋效果,如图5-50所示。

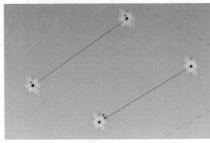

图5-50 嵌套构件关键步骤示意

第二个"错开"是螺旋上升的构件与水平的构件,这个思路很巧妙,如图5-51所示。

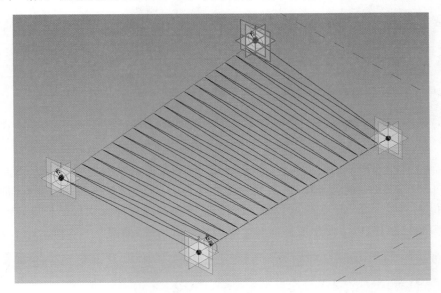

图5-51 嵌套构件"错开"放置

4. 结构与表面

用两个自适应点控制自适应构件的放置,先在体量里放置并重复主结构构件,用同样的轮廓另起文件名放置到体量里以后用放样创建表面,然后用填充图案划分表面,添加次要构件,如图5-52所示。

5. 伦敦2016年蛇形画廊

此案例是"体量化—纹理化—构件化"建模过程的典型范例,在此稍作详解。

(1)体量化:用"通过点的样条曲线"在不同标高处绘制体量轮廓线,然后创建形状,这些增加的轮廓线有利于我们随时调整体量达到期望的理想、流畅的形状。

(2)有理化:在本例中由于构件是水平与垂直网格控制下的排列组合,所以必须用复制的参照平面和各个标高与表面形状相交得到分割表面,同时在"表面表示"下勾选显示出"节点",如图5-53所示。

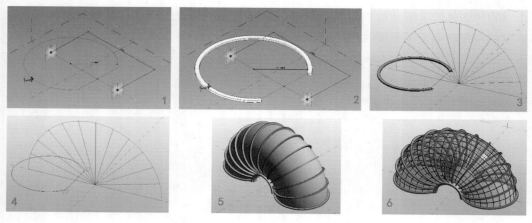

图5-52　结构与表面关键步骤示意

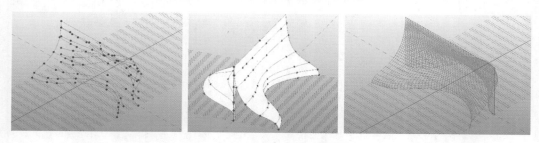

图5-53　生成轮廓形状的关键步骤示意

(3)构件化:在本例中用"自适应公制常规模型"来做玻璃纤维砖这个基本构件,由于构件本身是400×500mm的标准构件,只是长度上有变化,所以只要一个自适应点即可。在自适应点的位置上再放置一个参照点并使之偏移,这个偏移距离即为构件的长度,我们把它用一个实例参数控制住,以方便生成后面多个不同长度的构件,如图5-54所示。

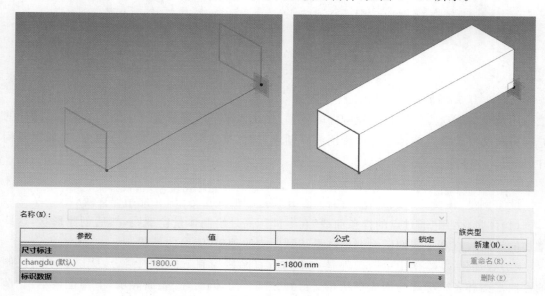

图5-54　由自适应点控制的构件生成

　　自适应点的方向应定向为"全局（xyz）"，以确保所有构件在同一个方向。接下来就是放置构件以及构件的重复过程，在本例中是一层一层放置并重复的，在构件重复的过程中不断观察生成效果并手动调整一部分构件的长度，这部分工作量不大同时设计的灵活性又很高，充分展现了 Revit 软件功能的强大，在此不再赘述详细过程，如图 5-55、图 5-56 所示。

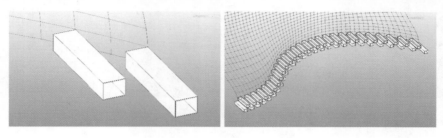

图 5-55　手动放置构件并重复

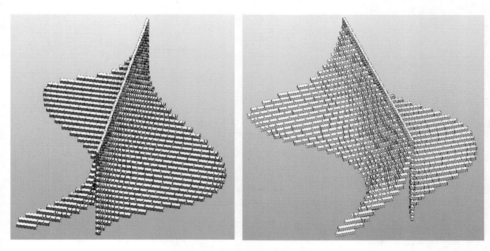

图 5-56　最后完成的效果

补充链接

　　2016 年由 BIG 建筑事务所设计的伦敦蛇形画廊（serpentine pavilion），作品名为"未上拉链的墙（unzipped wall）"：笔直的管状玻璃纤维"砖"构成的墙体在顶端向两边波状分开，经过严谨计算的自由曲线，量产模块营造的独特雕塑感，在透明与不透明间变换的立面，以及由方形盒子组成的曲面空间，使之成为一个极为有趣的参数化设计生成的经典案例。

　　建筑师从一个最为基本的建筑学元素——砖墙（brick wall）出发展开设计，玻璃纤维制作的矩形框架一个个堆叠起来，组成墙体。被拉开的墙体内部形成了蛇型画廊的展示和活动空间。拉开的墙面将线条转化为表面，再把扁平的墙体转化为空间。这个复杂的三维空间可以在内部和外部被探索和体验，建筑的顶部为一条直线，但在底部却又成为了一个展馆空间，一条通往公园的蜿蜒曲折的道路，如图 5-57 所示。

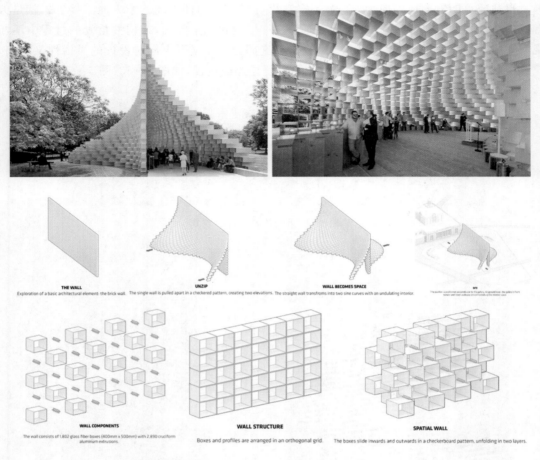

图 5-57　概念图解（concept diagram）、立面结构（facade structure）
及内外空间（图片资料来自网络）

5.9.3　自适应控制轮廓变化

1. 垂直遮阳板

（1）先在体量里做出想要的遮阳板轮廓效果，UV 划分表面，显示节点，网格划分的数量也可以参控；

（2）做自适应构件，构件的厚度用"正、负偏移"参控；

（3）加载构件，调整参数就可以看到变化的效果，如图 5-58 所示。

2. 轮廓生形

（1）先在体量里做控制形体的轮廓线；

（2）用自适应点做形体截面的轮廓线，但只保留 1、2 两个自适应点，其他点都变成"造型操纵柄点"，并且"受约束"设为 XY 平面；

（3）载入体量中放置，用"点以交点为主体"命令手动调整每一个造型操纵柄点，使之落在轮廓线上；

（4）"Ctrl＋左键"沿形体轮廓大量复制，在形体转折变化过大的地方再手动放置一些自适应轮廓；

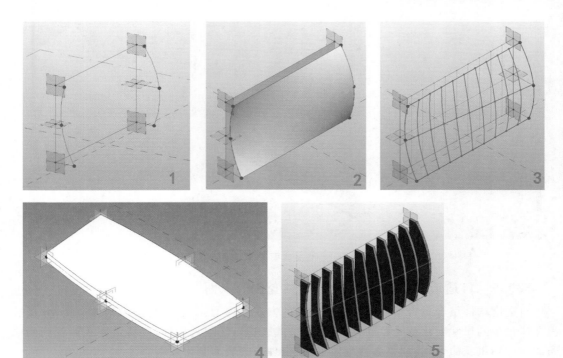

图 5 - 58　垂直遮阳板关键步骤示意

（5）最后选择所有自适应轮廓，创建形体，如图 5 - 59 所示。

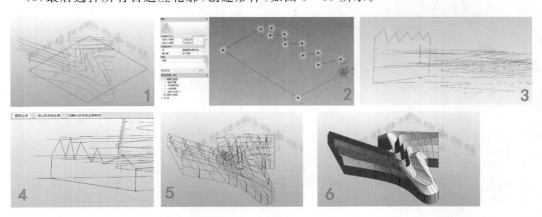

图 5 - 59　轮廓生形关键步骤示意

5.9.4　报告参数

　　波浪曲面是模拟正弦型函数（其公式解析式是 $y = A\sin(\omega x + \varphi) + h$）周期震荡形成的波浪曲线效果，建模的思路就是参照点在线段上的位置变化，即测量类型选"规格化曲线参数"，它的值由 0 到 1 变化，把这个变化赋予正弦函数公式，同时与两点之间的测量距离（报告参数）关联起来就可以了。大家还可以把公式再修改看一下效果，如图 5 - 60 所示。

BIM建筑模型创建与设计

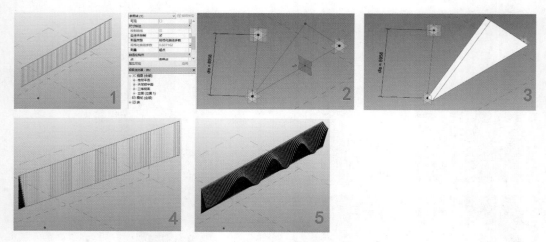

图 5-60　波浪曲面关键步骤示意

5.9.5　自适应构件结合报告参数做变化的表面

自适应均件结合报告参数做变化的表面的方法原理为：①制作自适应构件嵌板，分析嵌板在体量中的尺寸变化及受控制方式（数学公式表达）；②载入构件，以特定方式放置到网格表面并应用重复命令；③调整参数或体量，求得理想的表面变化效果。

（1）由点影响的异形遮阳板：能在各种曲面上使用，由点驱动，如图 5-61 所示。

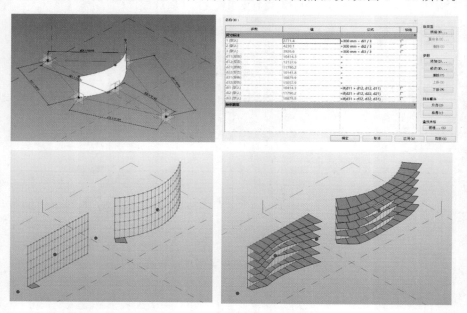

图 5-61　异形遮阳板关键步骤示意

（2）旋转角度的控制：通过报告参数对参照点的旋转角度的控制，就可以做出这样的变化，如图 5-62 所示。

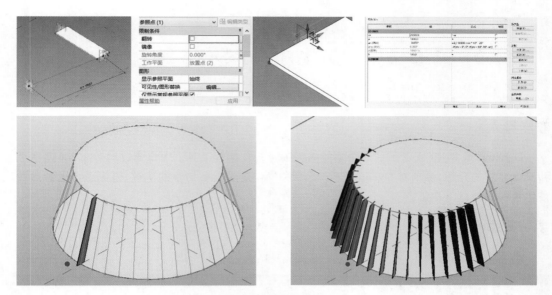

图 5-62　旋转角度的控制关键步骤示意

第 6 章　Dynamo 插件的应用

教学导入

　　Dynamo 是 Revit 平台下的一个功能强大的可视化编程工具。本章通过对 Dynamo 基本功能和操作方法的介绍，要求对 Dynamo 基本命令和操作逻辑具备初步的了解，为深入创建参数关联性体量和构件打下基础。

学习要点

　　基本操作；创建图元；分析

6.1　软件启动及基本概念

　　Dynamo 是一款基于开放平台建立的可视化脚本程序，它提供的图形化界面使用户不必学习如何编码，一行行地写程序，而是可以通过连接预设置的代码节点来自定义计算设计，使过程自动化，如图 6-1 所示。利用 Dynamo 里丰富的节点，用户可以充分扩展参数工作流程，实现交互操作、文档编制、分析和生成，这在很大程度上扩展了使用 BIM 驱动设计的方法。

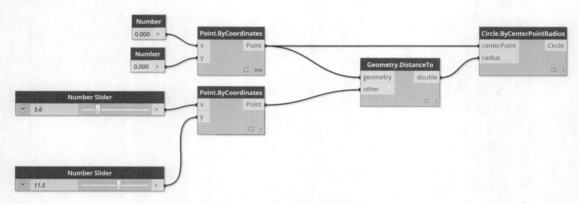

图 6-1　Dynamo 图形化编程示意

6.1.1　软件启动

　　Dynamo 有两种启动方式：一种是直接运行 Dynamo 独立版本，另一种也可以从 Revit（Revit 2013 及以后的版本）中运行，两种启动方式的启动界面完全相同，如图 6-2 所示。

　　Dynamo 基本的用户界面如图 6-3 所示。

　　(1)下拉菜单：最顶端是菜单栏，文件、编辑、视图等命令用于文件管理及显示设置等操作，如图 6-4 所示。

　　(2)搜索条：寻找需要的节点，如图 6-5 所示。

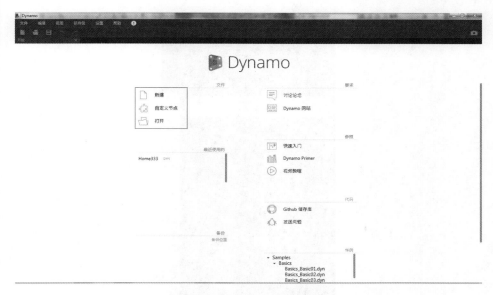

图 6-2 Dynamo 程序启动界面

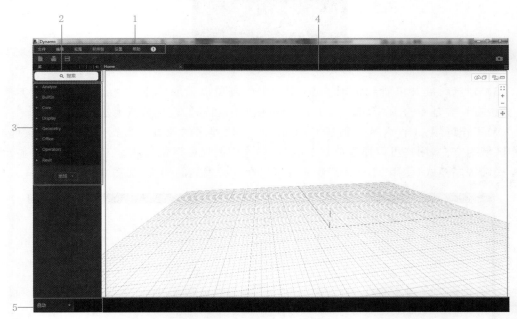

图 6-3 Dynamo 基本用户界面

图 6-4 下拉菜单

图6-5　搜索条和节点库

（3）节点库：展开可看到常用节点，用户可以浏览以拾取节点。Dynamo有八大类节点库，其中有一类是专为Revit设计，在Dynamo独立运行时，这类节点无法使用。

（4）工作区域：工作区域是创建Dynamo可视化程序的地方。当新建Dynamo文件时，工作区域为空白，用户可以通过放置节点，进行连线创建可视化程序。工作区会同时显示几何模式和程序模式，使用"Ctrl＋B"快捷键可以在两种模式间切换，如图6-6所示。

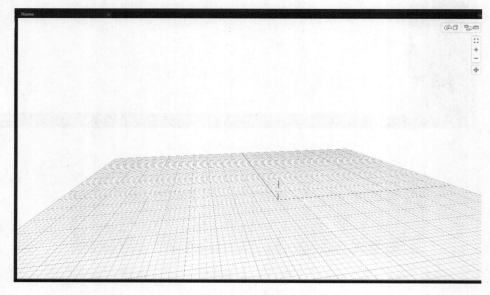

图6-6　工作区域

（5）执行命令条：工作视图下方是信息输出区，关键命令"自动"，可以自动运行当前程序至几何模式。"手动"状态下，几何模式不会随着用户的修改自动运行修改结果，如图6-7所示。

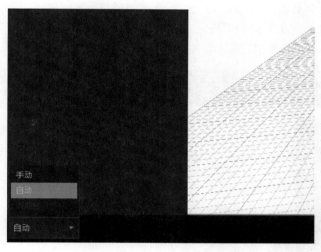

图6-7 执行命令条

6.1.2 基本概念

在开始Dynamo之前，用户需要对基本概念有所了解。

1. 节点

节点表示对象或函数，节点可简单至一个数字，也可复杂至数据的一次处理过程。节点可连接在一起以形成一组有关如何处理数据或创建几何图形的说明，连线代表数据的一次传递过程，如图6-8所示。

节点包括输入端口、输出端口和预览气泡图。输入端口位于节点左侧，将光标悬停在其上方，可以显示默认值及此端口接受的输入类型，通过将某个节点连接至此端口可覆盖默认值。输出端口位于节点右侧，将光标悬停在其上方，可显示节点返回的输出类型。将光标悬停在此节点不同位置的上方，可以显示预览气泡图，读取详细信息。预览气泡图不能键入，只能读取，如图6-9所示。

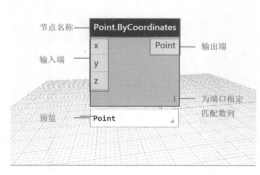

图6-8 节点说明

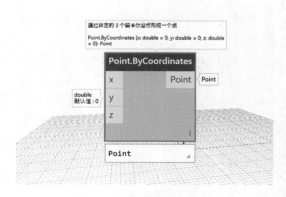

图6-9 节点预览气泡图

2. 节点库

Dynamo 的节点库是以"库—类别—子类别"的层次结构显示的。当用户下拉菜单,可以依次浏览不同级别的节点来寻找所需节点,如图 6-10 所示。同时,节点名称也是按这个层级结构来命名的,因此在搜索节点时,除了使用关键字,用户还可以键入使用句点分隔的层次结构来精确查找。如图 6-11 所示,以"library. category. nodeName"的格式输入节点名称的不同部分得到不同的结果。

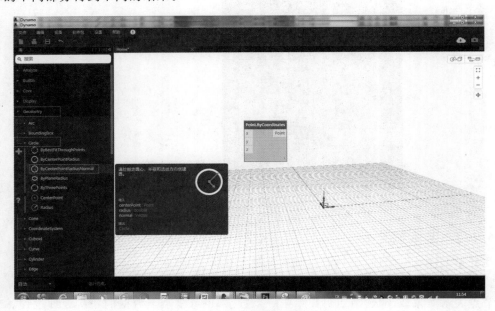

图 6-10　节点库层级结构示意

3. 数列

在 Dynamo 里,用户通过数列添加数据的层次结构,数列表示放置于某一层级结构数据的项目的集合。数列是 Dynamo 里数据层次结构的关键概念,对于数据结构来说,数列就等同于项目。如图 6-12 所示。

4. 执行的顺序

节点连接在一起的方式将决定操作的顺序。Dynamo 可视化程序一般都是从左向右运行,用户可以通过读取程序来理解程序流程。当进入到一些更高级的主题,例如递归,会有一些特例,就这次的案例而言,还是遵循从左到右读取的顺序。如图 6-13 所示。

5. 自定义节点

在 Dynamo 里用户可以不需要经过编程来创建自己所需的节点,这些节点可以用在当前文件,也可以用在机子上的其他文件,也可以与其他人共享节点。用户还可以通过软件包相关工具与别人共享节点,同样也可以在网上搜索别人发布的节点来使用。如图 6-14所示。

例如,可在开放资源库 NCalc 查找公式节点,其中包括许多数学运算符、函数,用户也可以登陆网站"https://github. com/ikeough/Dynamo"获取更多的节点资源。

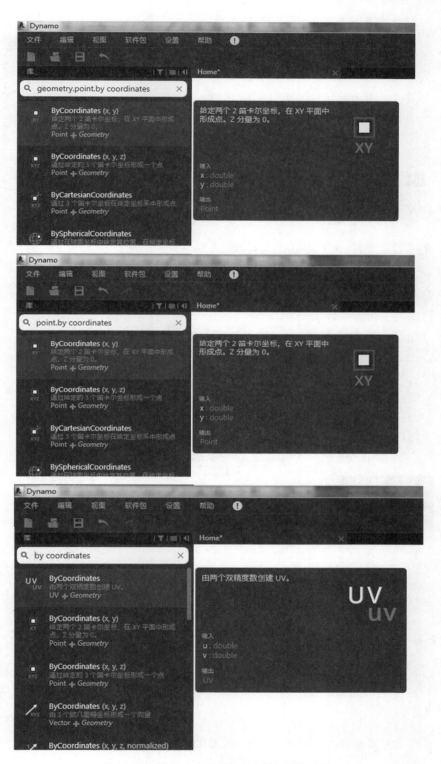

图 6 – 11　搜索节点名称格式不同,结果不同

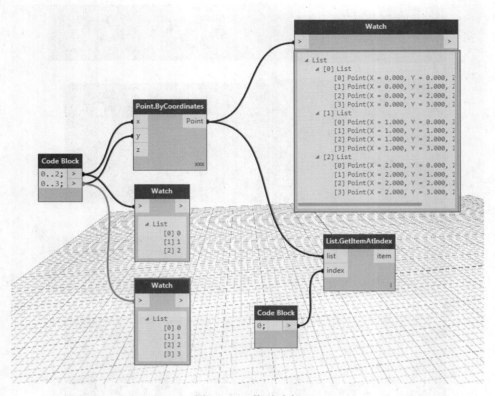

图 6-12　数列示意

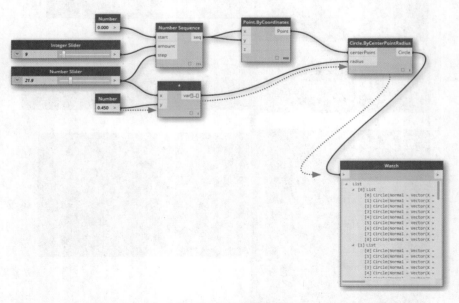

图 6-13　Dynamo 中的可视化程序一般按从左向右的顺序执行

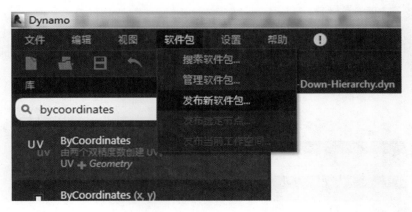

图 6-14　软件包命令示意

6.1.3　基本操作

1. 查找和放置节点

　　节点库位于屏幕左侧,用户可以使用"搜索"以查找节点,也可以浏览查找节点,找到节点后,只需按 Enter 键或单击此节点或单击节点名称加入到工作视图中,或者直接拖拽相关的节点进入右侧的工作区,进行可视化编程。如图 6-15 所示。

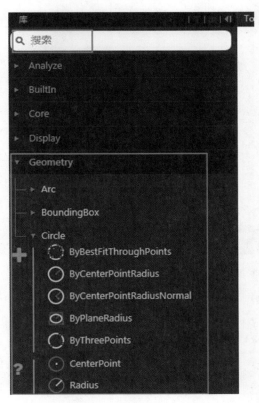

图 6-15　查找节点示意

2. 连接节点

单击某个节点的输出端口,将导线拖动到另一个节点的输入端口,此时导线虚线显示,然后再次单击以进行连接。如要删除导线,单击导线右端端口,将其拖离并单击画面中的空白区域即可。如图 6-16 所示。

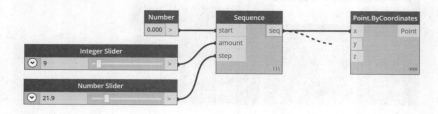

图 6-16　节点连接

3. 图表视图与背景三维预览

在 Dynamo 中,可同时看到两个视图:图表视图(编辑节点)和三维预览(几何图形输出)。

(1)可从"图表视图"切换到"三维预览";

(2)使用"缩放匹配",并分别控制每个视图的缩放;

(3)通过拖动鼠标平移每个视图。在"背景三维预览"中,还可通过长按右键进行旋转观看。如图 6-17 所示。

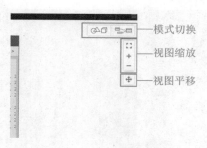

图 6-17　工作视图命令示意

6.2　选择图元

Revit 是一个基于数据的操作环境。这使得选择方法并不仅限于原来的"点—点击"来拾取,有了很大的扩展。在进行参数化操作时,可以查询 Revit 数据库,将 Revit 图元与 Dynamo 中的几何体相链接。

6.2.1　选择 Revit 图元的方法

要想正确地选择 Revit 图元,首先要对 Revit 的图元结构有充分理解。在开始练习之前,先要了解 Revit 的层级结构,如图 6-18 所示。基本来说,Revit 的层级结构可以分为类别、族、类型和实例。一个实例就是一个独立的模型构件(有单独的 ID),而类别则定义了同属性的一个群体(如墙或者地板)。按照 Revit 的这种数据组织秩序,可以选择一个图元或者选择所有在结构中一个特定等级上的相似图元。

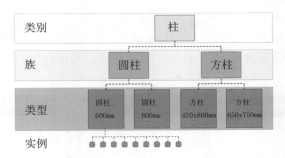

图 6-18　Revit 的层级结构

　　具体操作中可以看到，在 Revit 栏，软件提供了"Selection"的类别，其下有多种途径可用来选择几何体，如图 6-19 所示。

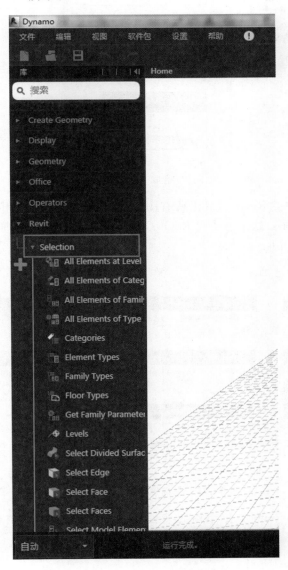

图 6-19　Dynamo 选择命令节点

（1）拾取是直接选择 Revit 图元最简单的途径。用户可以选择整个模型图元或者其中的一部分（比如面或者边）。这些图元依然会与 Revit 项目中保持链接，如果在 Revit 文件中，图元的位置或者参数更新了，在 Dynamo 中的相关图元也会随之更新，如图 6-20 所示。

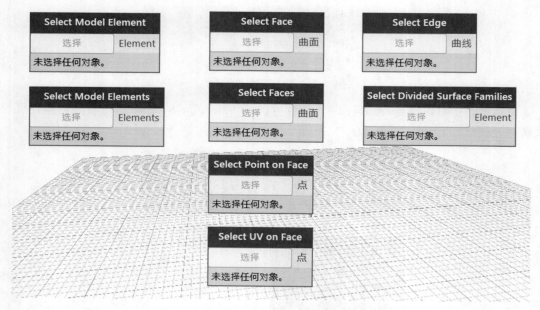

图 6-20 直接拾取 Revit 图元的节点命令

（2）下拉菜单创建了 Revit 项目里所有图元的数列。用户可以用这个方法选择在视图里没有显示出来的图元。这个方法在 Revit 项目或者族编辑器里查询存在图元或者创建新图元时比较方便。如图 6-21 所示。

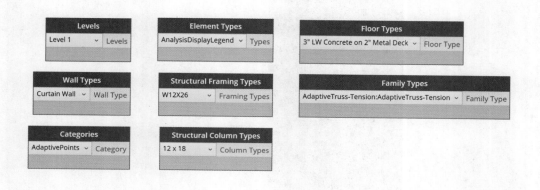

图 6-21 查询选取图元的节点命令

（3）用户还可以在 Revit 数据结构的某一级中选择图元。这种方法可以很快生成多列数据，以生成文档、生成实例或者自定义。如图 6-22 所示。

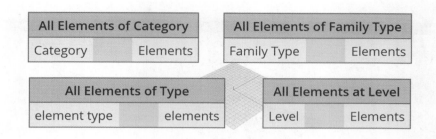

图 6 - 22　通过数据结构选择图元的节点命令

6.2.2　案例练习

以上介绍了三种选择 Revit 图元的方法,下面进行案例练习。在例子中,这个简单的建筑中包含三种图元类型——建筑体量、桁架(自适应构件)、横梁(结构框架)。

在节点库 Revit 下拉菜单"Selection"里,添加"Categories"节点,来选择建筑体量。体量类别的输出依然是体量,需要将之转换成图元,利用"All Elements of Category"节点。添加"Watch"节点可以看到建筑体量已经被选中。在"Watch"节点里,体量下面有一行绿色的数字,这是该图元的 ID,表示当前操作的是 Revit 的图元,而不是 Dynamo 的几何体。如图 6 - 23 所示。下一步,需要进行转换。

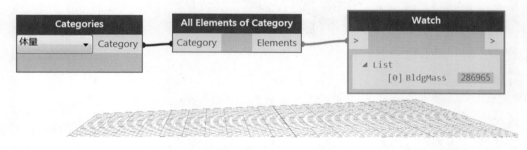

图 6 - 23　选择 Revit 体量

添加"Element. Faces"节点,可以得到一列面的数列,表示出了这体量中的每一个面。现在在 Dynamo 的工作界面中,已经可以看到这个几何体,并且可以对其进行操作了。如图 6 - 24所示。

上面的办法是基于 Revit 的数据结构来明确选择出目标图元进行后续操作的,也可以采用其他方法完成。

(1)添加"Select Model Element"节点,点击"Select"按钮。在 Revit 视图里,选择目标图元,此时选择建筑体量。

(2)比起"Element. Faces"节点,可以利用"Element. Geometry"节点选择整个体量,将其作为一个体块,即可选择体量中包含的所有几何体。

(3)利用"Geometry. Explode",可以再次得到面的数列。这两个节点的作用与"Element. Faces"相似,但是可以对 Revit 图元体块进行更深入的操作。如图 6 - 25 所示。

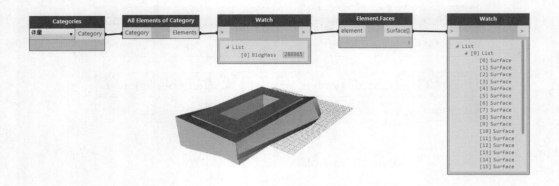

图 6 - 24　Revit 图元转换

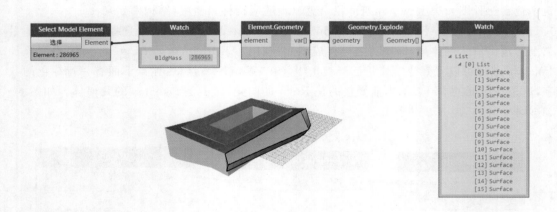

图 6 - 25　利用 Element. Geometry 节点选择 Revit 图元

　　如果觉得这个方法麻烦,用户也可以利用"Select Face"节点,直接选择其中的某个面而不是 Revit 中的一个图元。如果只想选择建筑的主要外墙,可以利用"Select Faces"节点,在 Revit 里单击,拾取四个外墙面。拾取完,一定要在 Revit 里单击"完成",如图 6 - 26 所示。此时,可以看到四个面已经显示在 Dynamo 里,如图 6 - 27 所示。

　　在 Dynamo 里,常常会面对大量的相似图元的操作。怎样同时选择多个相似图元? 可以选中一个图元,查看选中图元的层级结构信息,查询到它的族类型,然后把同类型的图元全部选中就可以了。以案例中的自适应构件桁架为例:将桁架图元输入"Family Instance. Type"节点,利用"Watch"节点,可以看到输出端已经不是一个 Revit 图元,而是一个族标记。添加"All Elements of Family Type"节点,选择所有的桁架,并将其导入 Dynamo,如图 6 - 28 所示。可以继续提取这些图元的一些基本信息进行后续操作。

　　从自适应点开始提取基本信息。将"All Elements of Family Type"节点输入至"Adaptive Component. Location"节点,生成数列的列,每个都有三个点定义自适应点的位置,添加"Polygon. ByPoints"节点,生成一条折线。通过这个方法,可以将图元几何化显示,并将图元阵列出的其他图元抽象化显示,如图 6 - 29 所示。

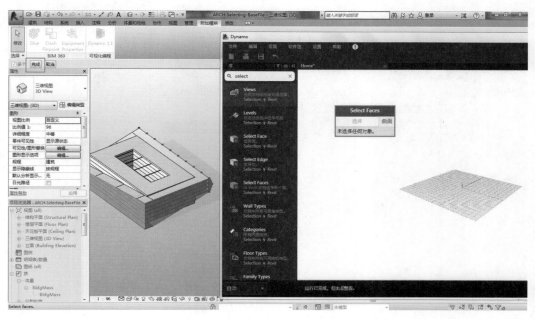

图 6 - 26　直接拾取 Revit 中要操作的外墙

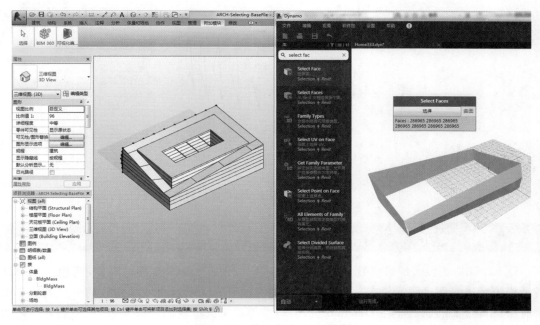

图 6 - 27　拾取完成，不需转换

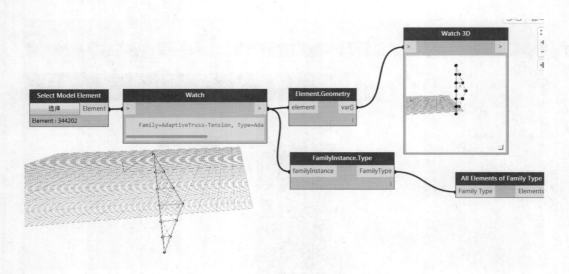

图 6-28　通过族类型选择相似图元

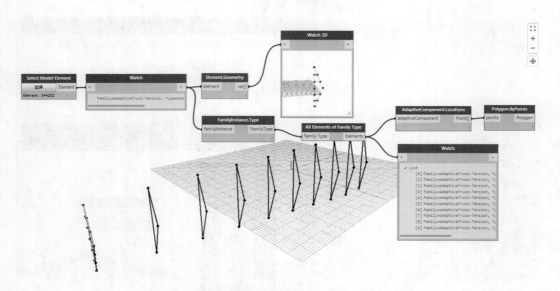

图 6-29　通过自适应点构建相似图元的抽象化显示

6.3　编辑图元

　　Dynamo 功能强大的另一特点是可以在参数化环境下编辑参数。例如,应用生成算法或者模拟结果来驱动图元排布。用参数控制的方法,Revit 项目里的相同族的一系列实例就会有用户自定义的属性。在 Dynamo 里,类型参数和实例参数都可以被编辑,下面的练习以实例参数为例。

　　在开始案例之前,要先了解在 Dynamo 里是没有单位的,它是一个抽象的可视化编程环境。Dynamo 中与 Revit 相作用的节点会参照 Revit 项目里的单位。例如,如果用户在 Revit 里通过 Dynamo 设置了一个长度参数,Dynamo 里的数值会对应 Revit 项目里的默认单位。

下面的例子，单位就是米。此外，用户利用"Convert Between Units"节点也可以快速转换单位，用来转换长度、面积、体积很方便，如图 6 - 30 所示。

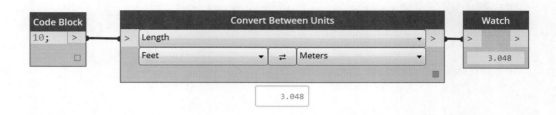

图 6 - 30 Dynamo 中的单位转换

接下来的案例，可以尝试基础练习，怎样在 Dynamo 里面通过编制程序直接在 Revit 项目里编辑参数，控制图元。

在 Revit 环境下，选中体量，查询属性，可以看到其中有六个主要控制参数，如图 6 - 31 所示，在 Dynamo 中要先找到这六个参数。首先，用"Select Model Element"节点选取建筑体量，添加"Element. Parameters"节点查询体量参数，其中包括类型参数和实例参数，如图 6 - 32 所示。可以在这个参数数列里选择想编辑参数的名称，或者用"Element. Set Parameter By Name"节点来寻找目标参数。

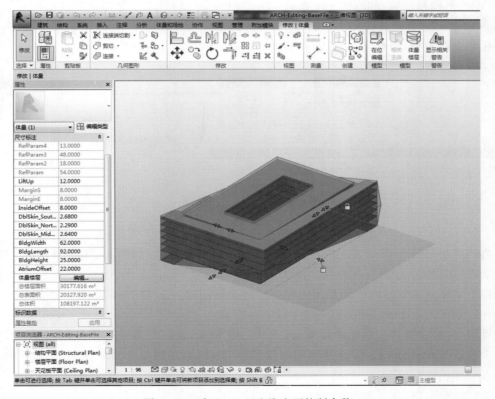

图 6 - 31 在 Revit 里查询主要控制参数

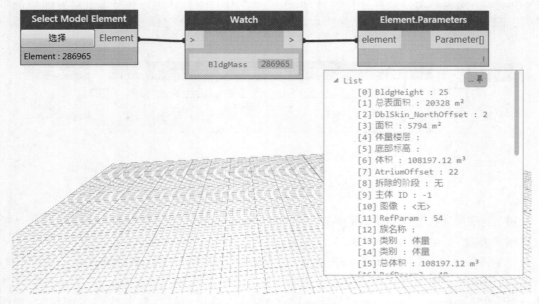

图 6-32　在 Dynamo 里查询体量参数

　　先添加一个代码块来定义参数名称,用字符串来表示这些参数,同时确保字符串能够与 Revit 中的名称相对应,如图 6-33 所示。再添加一个代码块来定义参数的数值。添加六个 "Integer Sliders"节点并将之重命名,设置滑块的数值与 Revit 中相同,添加代码块,在其下添加六个参数名称,将左侧的滑块与各自的名称相连,如图 6-34 所示。

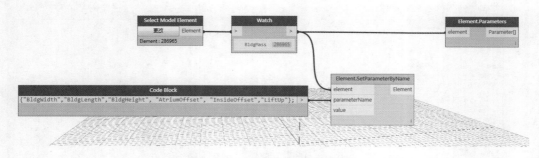

图 6-33　添加代码块定义参数

　　将代码块与"Element. Set Parameter By Name"节点相连,如图 6-35 所示,移动滑块,查看结果,如图 6-36 所示。

　　接下来要对安装竖向构架系统的外墙进行操作,因此,把其中相关的四个参数 "DblSkin_SouthOffset""DblSkin_MidOffset""DblSkin_NorthOffset""Facade Bend Location"隔离出来。然后,对应参数添加数值滑块节点,并将之重命名,前三个滑块范围值限定 [0,10],最后一个参数"Facade Bend Location"范围值限定 [0,1]。添加一个新的代码块,与前面的滑块节点分别相连,如图 6-37、图 6-38 所示。

　　通过调整滑块,立面玻璃幕墙的体型可以更丰富,如图 6-39 所示。

176

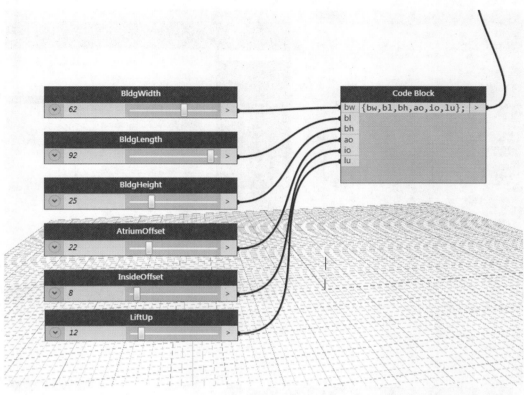

图 6-34 添加滑块定义参数值

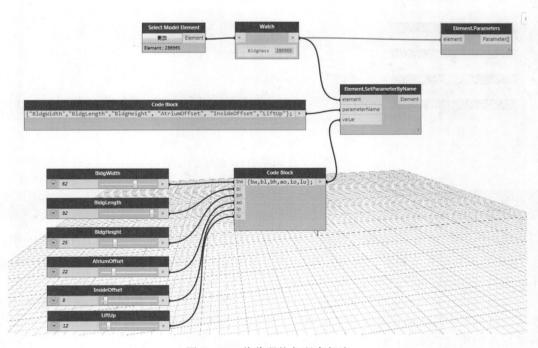

图 6-35 将代码块与程序相连

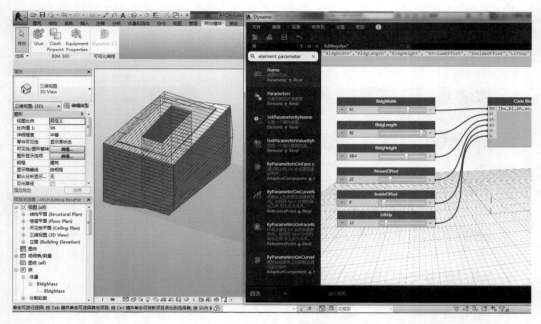

图 6-36　通过滑动滑块编辑体量

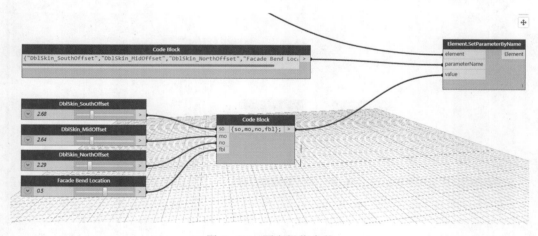

图 6-37　隔离操作参数

6.4　创建图元

用户可以在 Dynamo 中创建具有完全参数控制的 Revit 图元数列，而且 Dynamo 中的 Revit 节点可以将图元转换为特定类别（如墙壁和地板）。在本节中，我们将重点介绍如何使用自适应构件创建具有参数灵活性的图元。

自适应构件在生成设计应用里是非常方便的一种族的类型。实例化时，可以通过确定自适应点的基本位置创建复杂的几何图元。例如这个族编辑里的三点自适应构件。当每个自适应点的位置确定后，就会生成一个桁架。在下面的练习里，会使用这个构件在外立面生成一系列桁架。

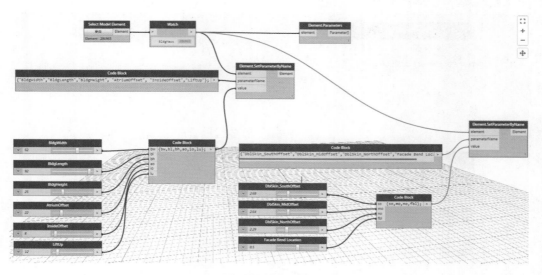

图 6-38　添加参数名称代码块

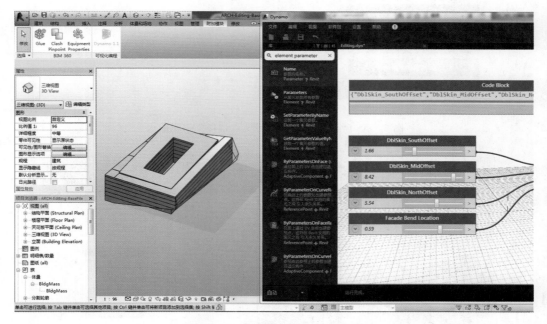

图 6-39　调整滑块编辑玻璃幕墙

　　之前尝试通过"Select Model Element"和"Select Face"节点,这次在数据结构中向下发展一级,尝试"Select Edge"节点,如图 6-40 所示。

　　选择玻璃幕墙最顶端的曲线,也是建筑物的边长。如果在选择边的时候不好操作,可以将光标悬停在边的上面,通过单击"Tab"键来进行选择,直到想选择的边高亮。添加两个"Select Edge"节点,选择在幕墙中部的两条斜边。幕墙底边的操作同上。

　　由于边本身并不是 Revit 图元,所以会自动转换为 Dynamo 中的几何体。可以看到,所选的边在 Dynamo 中的显示是与 Revit 中的图元拓扑关系相对应的,如图 6-41 所示。这些线将作为在幕墙上添加自适应桁架的参照线。

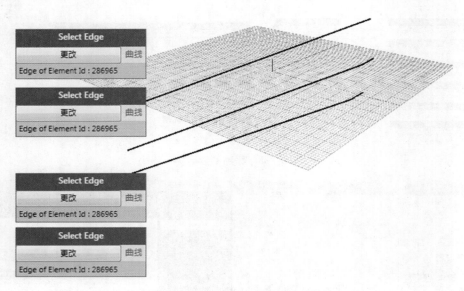

图 6 - 40 利用"Select Edge"节点选择要编辑的边

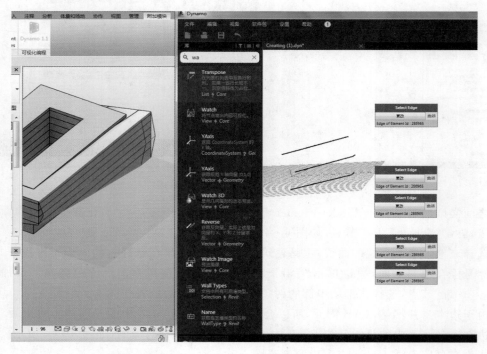

图 6 - 41 选择三条边所包含的线在 Dynamo 中显示

　　首先,需要将三条曲线合并到一个数列中,这样就可以将曲线"成组"来进行后续的几何操作。创建幕墙中部两条曲线的数列,运用"List. Create"和"Polycurve. By Joined Curves"节点将两条曲线合成一条多曲线,同上操作,将幕墙底部两条曲线合成一条多曲线,最后,将三条主要线(一条直线,两条多曲线)合并到一个数列中,如图 6 - 42 所示。

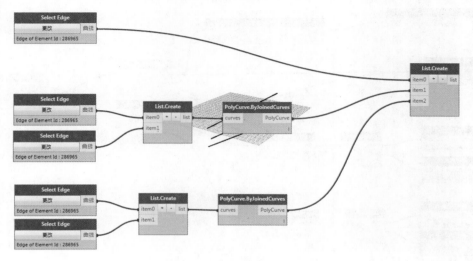

图 6 - 42　将线合成多曲线

　　接下来,要充分利用顶部直线。将沿这条线创建平面并使之与上面数列中分组的曲线集合相交。添加代码块,使用语法定义范围,添加整数滑块节点"Integer Slider",输出端连接到代码块输入端,这个数值代表桁架的个数。添加"Curve. Plane At Parameter"节点,将代码块输出端与该节点输入端"param"相连,将顶部边与"curve"相连。创建 10 个平面,均分幕墙顶边,如图 6 - 43 所示。

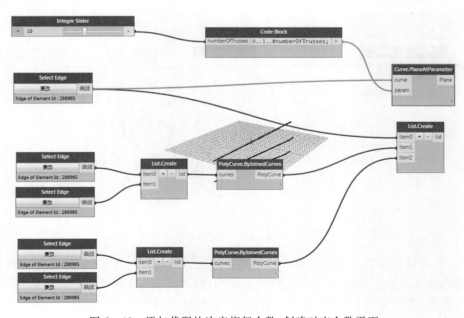

图 6 - 43　添加代码块决定桁架个数,创建对应个数平面

下一步，要确定这 10 个平面与每条线相交的点。添加"Geometry. Intersect"节点，输入端"geometry"与"Curve. PlaneAtParameter"输出端相连，"entity"与"List. Create"输出端相连。此时在 Dynamo 中已经显示出定义的平面与每条曲线相交的点。如图 6-44 所示。

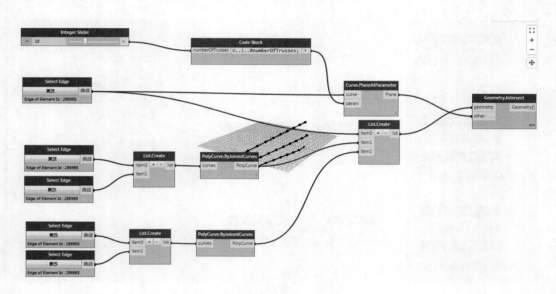

图 6-44　确定自适应点的数列

　　现在得到的是数列的数列，但为了后续操作，需要将数列扁平化。添加"List. Map"节点，输入端与"Geometry. intersect"输出端相连。添加"Flatten"节点，输出端与"List. Map"节点中的函数输入端相连，结果得到三个数列，每个数列下的数据都与桁架数量相同。如图 6-45 所示。

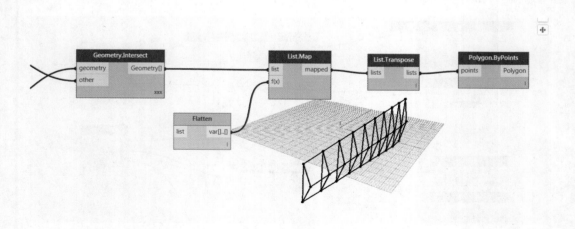

图 6-45　数列转换

　　此时，需要对数据数列进行转换。如果想要插入桁架的自定义构件，就必须得到与桁架数量相同的自适应点。这是一个三点的自适应构件，因此我们需要得到 10 列数据，每列里包含 3 个数据，而不是 3 列数据，每列里含有 10 个数据。如图 6-46 所示。

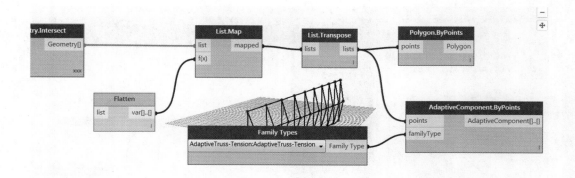

图6-46　添加自适应构件族,生成桁架

将"List. Map"节点输出端连到"List. Transpose"节点,此时的数列输出正是我们想要的。要确认结果是否准确,可以添加一个"Polygon. ByPoints"节点,使用 Dynamo 预览进行检查。如图6-47所示。

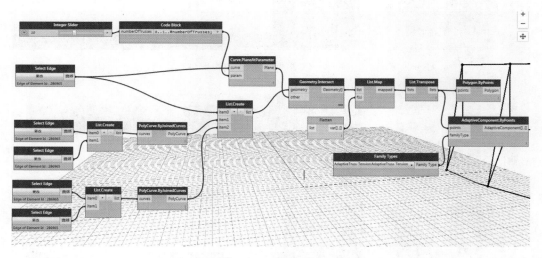

图6-47　程序示意

与创建多边形的方法一样,现在来进行阵列自适应构件。添加"Adaptive Component. By Points"节点,"points"输入端与"List. Transpose"节点输出端相连。添加"Family Types"节点,选择"Adaptive Truss"族,连到"Adaptive Component. By Points"节点的"familySymbol"输入端,Revit 文件里已经有10个桁架均匀分布在幕墙上,如图6-48所示。

拖动滑块,改变数值,观察图面的变化,参数化链接起作用了,如图6-49所示。

还可以回到 Revit 中进行最后的测试,拾取体量,修改它的实例参数,可以看到建筑形状改变了,桁架也随之进行了修改以适应新的形体,如图6-50所示。只有在 Dynamo 文件打开时,才能看到更新,如果文件关闭,链接也会终止。

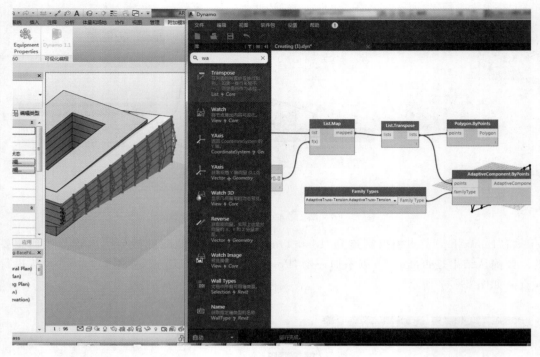

图 6 - 48　Revit 里自动完成桁架阵列

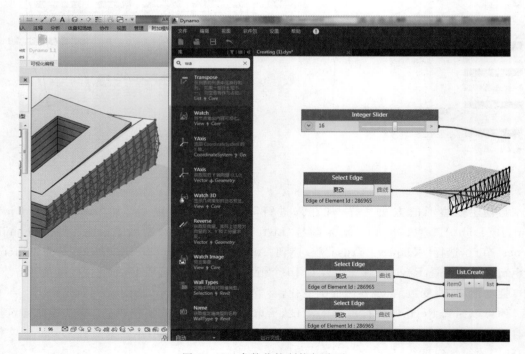

图 6 - 49　参数化控制桁架阵列

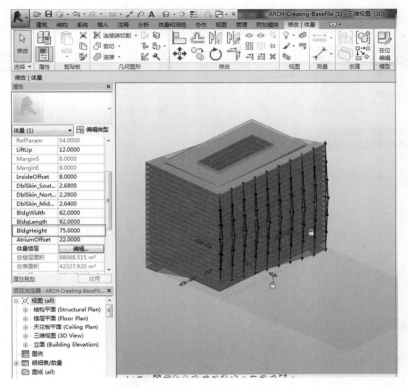

图 6-50　改变参数编辑体量,桁架随之变化

6.5　模型分析

　　这一节将尝试在 Dynamo 里,通过提取自适应构件的点的位置,对该图元进行一系列分析。例如分析指定嵌板的平面偏移,还可以查询 Revit 文件中的太阳位置,并研究平面不同于其他自适应构件对太阳的相对方向。在下面的练习中将创建一个基于太阳照射角度的屋顶场景。

　　首先在屋顶部分创建一个参数化表面。用"Select Edge"节点选择中庭的长向跨度的两条,用"List. Create"节点将两条边组合成一个数列,用"Surface.ByLoft"节点创建一个两边之间的面,如图 6-51 所示。

　　添加代码块,定义 0.1 的范围,并等分为 10 份,将代码块输入到"Surface. Point At Parameter"节点的 u 和 v 的输入端,"Surface. By Loft"节点的输出端连到"Surface"的输入端,右键点击节点,将连接更改为"Cross Product",在面上生成点的网格。如图 6-52 所示。

　　现将这个点的网格作为参数化定义面的控制点,需要提取每一个点的 u 和 v 的位置,以便插入参数公式并保持一致的数据结构。这可以通过查询刚刚建立的点的参数位置来做到。添加"Surface. ParameterAtPoint"节点,使用"UV. U"节点和"UV. V"节点查询 u、v 的数值。添加代码块,输入代码"Math. Sin(u * 180) * Math. Sin(v * 180) * w",这是一个参数函数,在表面创建正弦曲面。将 u、v 输入连接如图 6-53 所示,W 表示正弦曲面的幅度,因此给定一个数字滑块。

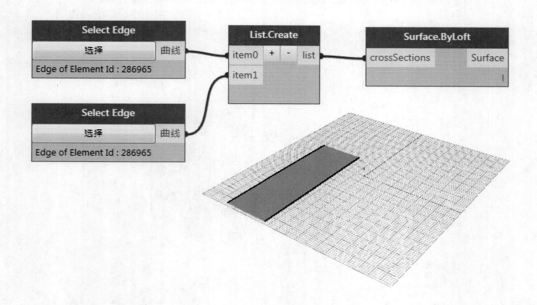

图 6 - 51　选择屋顶长边，生成表面

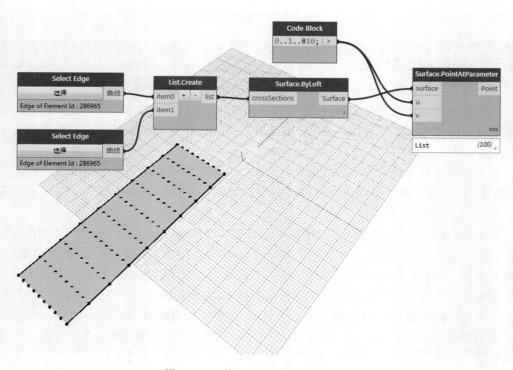

图 6 - 52　利用 UV 网格，划分表面

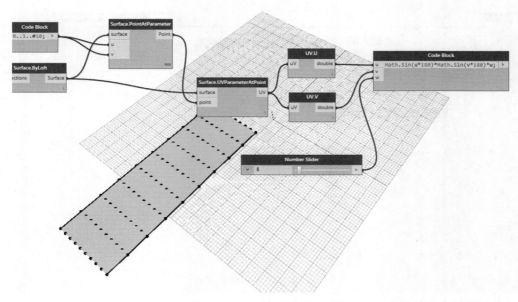

图 6 - 53　添加正弦曲面函数

现在就有了一个由算法定义的数值数列。想用这个数列影响点在 Z 方向的位移。添加"Geometry. Translate"节点，将代码块和"Surface. Point At Parameter"分别输入到"zTranslation"和"geometry"。预览中已经可以看到新的点。最后，添加 "Nurbs Surface. By Points"节点创建一个曲面，与上一步的节点相连，就生成了参数化表面，如图 6 - 54 所示。随意拖动滑块可以看到曲面随之变化，如图 6 - 55 所示。

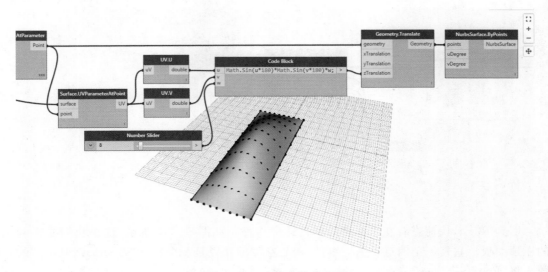

图 6 - 54　生成参数化表面

下载"Lunch Box for Dynamo"软件包，这个命令对于在 Dynamo 里进行几何体操作非常有效。添加"Lunch Box Quad Grid By Face"节点，与之前的节点相连，并设置 u、v 分隔都

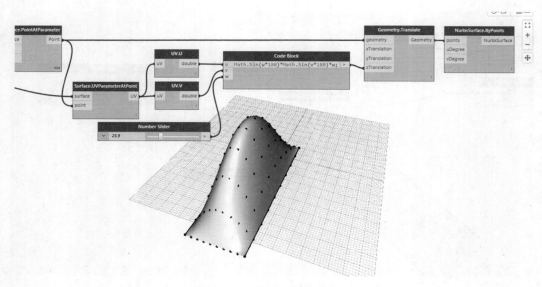

图 6-55　滑动滑块，调整表面

是 15，就生成了表面嵌板，如图 6-56 所示。

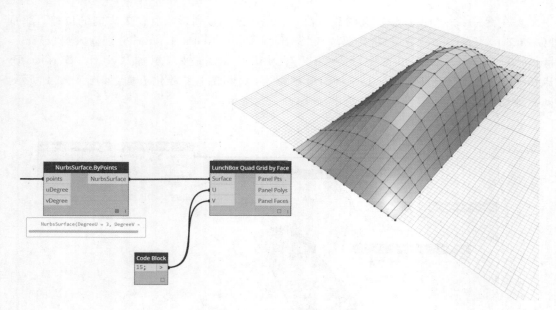

图 6-56　生成表面嵌板

回到 Revit，快速查看在这里使用的自适应构件。如图 6-57 所示，这是我们要实例化的屋顶面板。它是一个四点自适应组件，中心空隙的孔径是一个称为"Aperture Ratio"的参数。将"Family Types"节点添加到画面并选择"ROOF. PANEL. 4PT"文件，添加"Adaptive Component. By Points"节点，将"Panel Pts"从"LunchBox Quad Grid by Face"输出连接到点输入端。将"Family Types"节点连接到"Family Symbol"输入端，如图 6-58 所示。

此时，可看到屋顶嵌板自动排列生成，如图 6-59 所示。

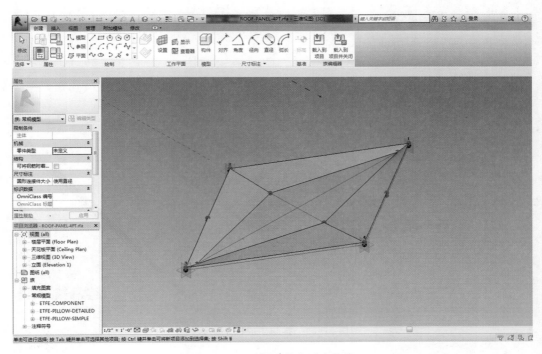

图 6-57 要插入的自适应构件

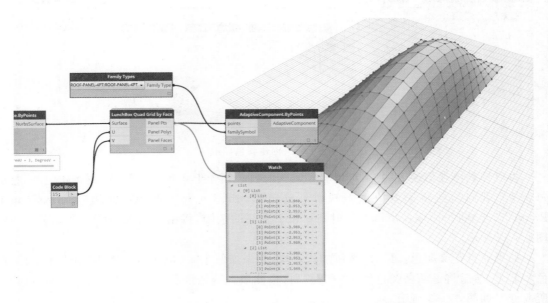

图 6-58 通过"Family Type"节点插入自适应构件

接下来对屋顶嵌板进行分析。将嵌板平面与屋顶平面的偏差用不同颜色表示。添加"Element. Override Color In View"节点。将颜色范围节点"Color Range"添加到画面并输入到"Element. OverrideColorInView"的 color 输入端。另外还需要将嵌板的偏差值连接到颜色范围以创建渐变,如图 6-60 所示。

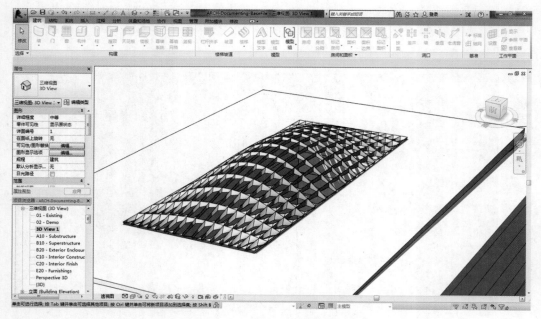

图 6-59　排列生成屋顶嵌板

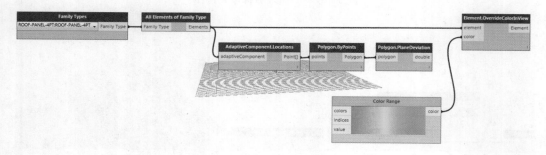

图 6-60　创建颜色显示

　　将鼠标悬停在值输入端上，可以看到输入的值必须介于 0 和 1 之间，以便将颜色映射到每个值。我们需要将偏差值重新映射到此范围，如图 6-61 所示。使用"Math. Remap Range"节点，将平面偏差值重新映射到 0 和 1 之间的范围，将结果输入到颜色范围节点，如图 6-62 所示。

　　如果要自定义颜色，可以继续添加代码块，并添加两个"Color. By ARGB"节点来创建红色和蓝色，然后将这两种颜色创建一个数列，将此数列插入颜色范围的颜色输入，颜色就有所改变。如图 6-63 所示。

　　在 Revit 里可以通过颜色显示更清晰地观察嵌板平面偏差不同的区域，如图 6-64 所示。

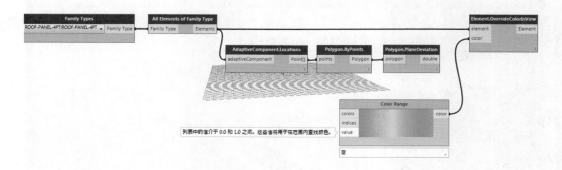

图 6 - 61　节点输入端要求预览显示

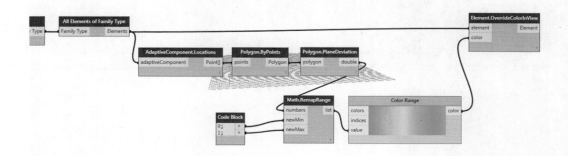

图 6 - 62　利用"Math. RemapRange"节点重新映射

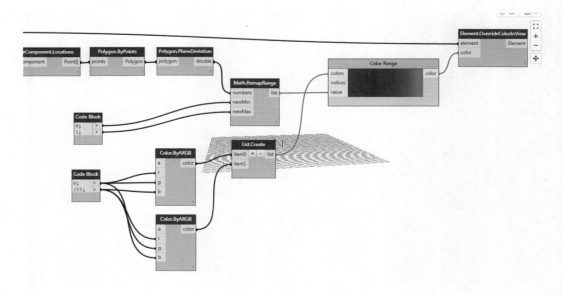

图 6 - 63　自定义修改颜色

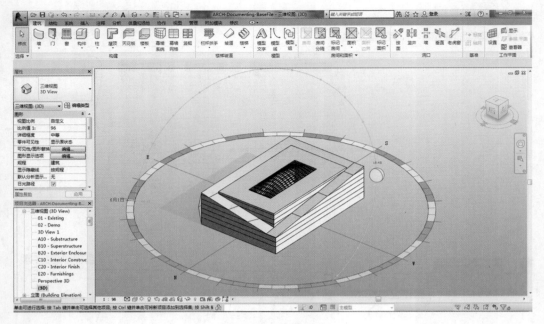

图 6 - 64　结果显示

第7章 模型的分析与应用

教学导入

本章介绍了创建后的模型在设计阶段如何进行性能化和可视化分析，以利于对方案进行优化的过程。本章需了解基本的模型应用领域及方法。

学习要点

可视化设计与表达

7.1 性能化分析

在方案构思和概念设计阶段完美表现设计创意的同时，还应该进行各种性能化分析，特别是对复杂造型设计项目更是要做重要的设计优化、方案对比、可行性模拟等。能量分析、日照分析、采光分析、风洞模拟等都将对建筑设计起到重要的优化作用，Revit 内置的分析模块与丰富的外部插件为建筑性能化分析的普及应用提供了可能。

7.1.1 日光分析

日光分析就是分析建筑物对街道和其他建筑物的阴影遮挡以及自身的相互遮挡，Revit 的日光研究功能可以直接完成这一步的工作。

在分析中可以得到一天或者多天日光研究静止的图片或连续的动画。对于阴影遮挡不符合要求的部分，可以调整对应的体型来再次进行日光研究，直到达到要求为止。创建日光研究只需要指定该建筑物的地点，需要关注的时间段就可以进行。

7.1.2 能量分析

能量分析是使用 Revit 中的概念体量、建筑图元或两者兼有的模型在 Autodesk Green Building Studio 的云中执行对整个建筑的能量模拟分析。

7.1.3 场地分析

场地分析是研究影响建筑物定位的主要因素，是确定建筑物的空间方位和外观、建立建筑物与周围景观的联系的过程。在规划阶段，场地的地貌、植被、气候条件等都是影响设计决策的重要因素，往往需要通过场地分析来对景观规划、环境现状、交通联系等各种影响因素进行评价及分析。Revit 不仅能让用户在三维设计的过程中注意推敲形体、体验内部空间，还能让用户更直观地了解到项目与场地的关系、建筑与环境的契合以及人在空间中的感觉。

7.1.4 导入其他分析软件 * ①

利用计算机进行建筑物理性能化分析始于 20 世纪 60 年代甚至更早，就有成熟的理论

---

① 标 * 部分为拓展内容。

支持并开发出了丰富的工具软件。但是在早期,无论什么样的分析软件都必须通过手工的方式输入相关数据才能开展分析计算,而操作和使用这些软件不仅需要专业技术人员经过培训才能完成,同时由于设计方案的调整,造成原本就耗时耗力的数据录入工作需要经常性的重复录入或者校核,导致建筑性能化的分析通常被安排在设计的最终阶段,成为一种象征性的工作,使设计与分析之间严重脱节。

BIM技术的使用使设计过程中创建的建筑模型已经包含了大量的设计信息(几何信息、材料性能、构件属性等),只要将模型导入相关的性能化分析软件,就可以得到相应的分析结果,原本需要专业人士花费大量时间输入大量专业数据的过程,如今可以自动完成,这就大大降低了性能化分析的周期,并提高了设计质量。

7.2 可视化设计与表达

7.2.1 可视化设计

可视化设计就是"所见即所得"。

Revit、ArchiCAD、Rhino、Sketchup、3ds Max等三维可视化设计软件的出现,有力地弥补了业主及最终用户因缺乏对传统建筑图纸的理解能力而造成的和设计师之间的交流鸿沟,BIM的出现使得设计师不仅拥有了三维可视化的设计工具,更重要的是使设计师能用三维的思考方式来完成建筑设计,同时也使业主及最终用户真正摆脱了技术壁垒的限制,随时知道自己能获得什么。

BIM的可视化设计当然不仅仅是画出漂亮的效果图、生成动画漫游那么简单的事情,而是指把传统的二维构件形成一种三维的立体实物展示在人们面前,是一种能够与构件之间形成互动性和反馈性的可视化,其结果就是项目设计、施工建造、运营维护过程中的沟通、讨论、交流、决策等都是在可视化的状态下进行的过程,是全生命周期下的可视化。

7.2.2 可视化表达

可视化表达就是将模型应用到方案设计的视觉交流中,三维的直观表现,比传统二维图纸更加准确、信息更丰富,更易于交流和理解,提高沟通效率。

丰富多彩的可视化方式可以非常有效地表现设计,如可与美术作品相媲美的渲染图,与电影大片不相上下的动画漫游,与游戏场景交相呼应的虚拟现实……这些可视化手法扩展了设计表达的可能性,更加有利于进行方案的验证和沟通。

Revit模型在精确性和详细度上是令人惊叹的,最有效的可视化工作流就是重复利用这些模型,将模型用于高级的可视化,如方案设计与真实场景的融入、走入建筑内部感受空间的意趣、模拟时光流逝带来的变化……这样就大大省去了在可视化应用中重新创建模型的时间和成本。

7.2.3 建筑信息模型结合虚拟现实(BIM＋VR)＊①

虚拟现实(virtual reality,VR)是利用计算机技术产生一种人为虚拟环境,这种环境可以通过视觉、听觉、触觉来感知,用户通过自己的视点直接地、多角度地对环境进行观察,发

①标＊部分为拓展内容。

生"交互"作用,使人和计算机很好地"融为一体",给人一种"身临其境"的感觉。

由于 VR 技术的成熟与广泛应用,VR 设备也从"高大上"的云端渐渐"飞入寻常百姓家",可以把 VR 与 BIM 融合,在建筑全生命周期的不同阶段,利用 VR 和 BIM 的各自优势,互相补充,在设计中发挥更大的辅助作用。

Fuzor 是由美国 Kalloc Studios 开发团队研发的一款平台级软件,将先进的多人游戏引擎技术引入了建筑工程行业,把游戏引擎和 BIM 模型数据进行融合,利用 VR 协同技术优化 BIM 工作方式和交付成果,具备以下特色功能体验。

(1)Fuzor 是实现 BIM+VR 的平台级软件。Fuzor 集成在主流 BIM 软件上,能够让模型直接进入 VR 系统,无需进行模型简化与软件开发,数据信息安全衔接。无论方案处于哪一个阶段,参与设计的各方都可以用 Fuzor 来体验 VR 效果,让很多问题得以提前考虑和修改,有效地避免了资源浪费,保证了设计方案在各个阶段的完成。

(2)Fuzor 功能强大而又简单易用。Fuzor 的功能具有革命性,它不仅提供真实的 VR 场景,更重要的是保留了完整的 BIM 信息(这点和 Lumion 只有效果没有信息不同),可以用来做很多 BIM 应用,如冲突检测、项目协同、可视化管理、采光分析、日照模拟、净高检测等改善了 BIM 交付成果及工作方式,升级了 BIM 流程。

Fuzor 操作简单,上手极快,软件的易用性与模型的真实度,让设计对象变成如游戏场景一般。实时渲染和双向同步功能,让用户用起 BIM 来得心应手,使得设计的过程变得轻松而有趣。

(3)Fuzor 兼容多种主流数字模型。数字建模软件随着技术的更新不断扩展,但种类繁多的工具之间无法很好地互相配合。Fuzor 解决了这个问题,使多种模型都能结合在一起。通过 Fuzor 可以将多种工具建立的模型合并到一个项目中,最大程度地扩展了软件的兼容性。

另外,它还对数字模型进行了专门的优化,除了导入 Fuzor 环境便捷以外,它的模型承受能力也很高(见图 7-1)。

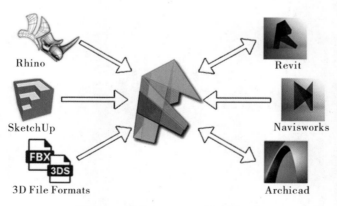

图 7-1 可导入 Fuzor 的软件格式

(4)Fuzor 支持外部设备,可实现沉浸式 VR 体验。Fuzor 支持当前主流的 VR 设备(Oculus Rift VR、HTC Vive、暴风魔镜等),配合使用游戏手柄,在 PC 上就能实现 VR 体验。设计师沉浸到 VR 场景中,对空间的体验是交互的、动态的、实时的,可以在任意阶段走进设计当中,身临其境地感受空间尺度、材料质感、阴影变换、环境声音……这远比坐在屏幕前观看二维的设计图更容易发现设计中的问题和错误(见图7-2)。

图7-2 沉浸式VR体验设备

总之,Fuzor在"BIM+VR"平台中起到了关键的桥梁作用,主要体现为:方案设计优化、阶段成果展示、虚拟建造模拟以及沉浸式体验等。Fuzor凭借其可视化和分析能力为用户提供了高效便捷的交流平台,让用户更直观深入地了解设计方案本身。

第8章 模型设计的协同合作

教学导入

本章介绍了当一个团队使用 Revit 平台进行合作时应采用的协同方法和策略。学习中应了解协同设计的概念,并对链接工作集,共享数据的方法加深理解。

学习要点

链接模型的工作集;协调工作坐标;协同设计平台

8.1 协同设计的数据引用

8.1.1 链接模型与工作集

一栋建筑的设计包含了大量的信息,往往不能由一个人独立完成,许多项目需要多个人乃至多个工种之间互相配合完成工作。

Revit 2016 提供了两种不同方式的协同操作模式,即链接模型和工作集。

1. 链接模型

在 Revit 中,使用者可以在一个项目中链接许多外部模型,使得在处理大型项目时更方便地管理各个部分,或者提高性能。

在实际的使用过程中,链接模型有着不同的使用形式:如果一个场地里存在多栋建筑,建模者可以将每一栋建筑分开建模,然后以链接模型的形式将各个建筑链接进场地文件中;如果一栋建筑中可以分成若干部分,可以用链接模型的方式将不同的部分分配给不同的建模者;如果建筑设计过程中需要多专业协同设计,建筑师和结构师也可以各自完成自己的工作,然后通过链接模型的方式将模型整合在一起。

2. 工作集

"工作集"是 Revit 提供给用户的另外一种协同操作的方式。工作集与链接模型的不同之处在于:链接模型中各个模型是独立的,当模型在编辑时,其他人无法改动;而工作集是多人共同编辑一个存在于局域网上的"中心文件",每个建模人有各自的权限,且只能修改自己权限内的内容。一旦需要编辑权限外的部分,需得到临时授予的"权限"后才能进行操作。

8.1.2 协调工作坐标

(1)打开场地模型,调整到场地视图,如图 8-1 所示。

(2)打开"视图"中的"可见性/图形",如图 8-2 所示。

(3)勾选"测量点"和"项目基点",如图 8-3 所示,如果已经默认勾选则不必改动。

(4)选择"插入"菜单中的"链接 Revit",如图 8-4 所示。

(5)选择需要链接进场地文件的 Revit 项目,并将定位方式设置为"自动—原点到原点",如图 8-5 所示。

BIM建筑模型创建与设计

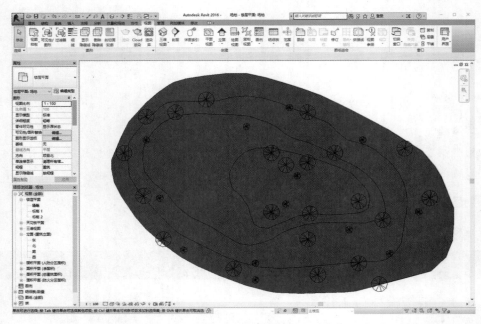

图 8-1　场地视图

图 8-2　"可见性/图形"

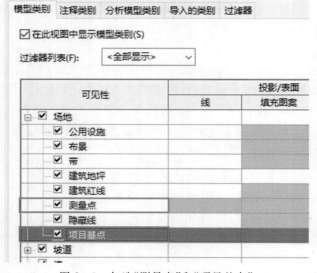

图 8-3　勾选"测量点"和"项目基点"

图 8 - 4 "链接 Revit"

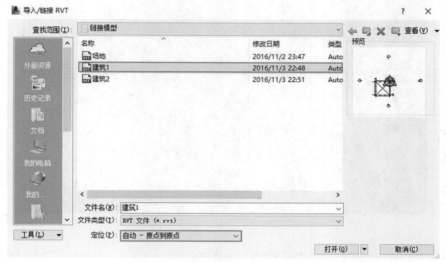

图 8 - 5 链接场地文件的 Revit 项目

（6）使用"移动"工具将链接进的"建筑 1"移动至其位置，如图 8 - 6 所示。

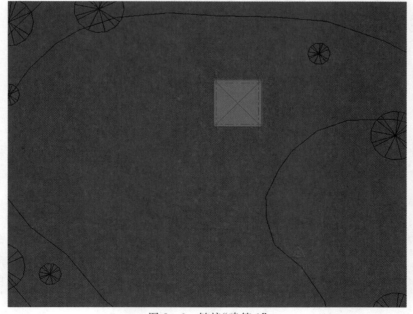

图 8 - 6 链接"建筑 1"

(7)用相同的方法链接"建筑2",如图8-7所示。

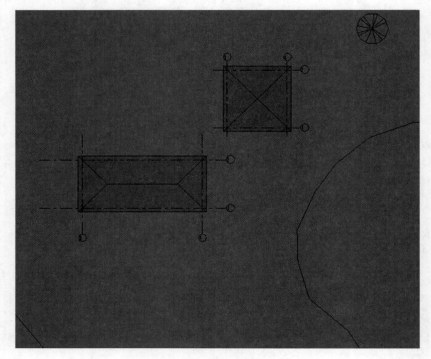

图8-7 链接"建筑2"

(8)点击"管理"命令下"坐标"中的"发布坐标",如图8-8所示,然后点击链接进模型的"建筑1"。

图8-8 "发布坐标"

(9)选择"复制"并命名新的位置为"建筑1场地坐标",如图8-9所示。同理设置"建筑2"的位置。

这样就完成了坐标的链接,此时如果编辑"建筑1"文件,"场地"文件里的链接模型也会随之改变。

(10)保存文件,在弹窗里选择"保存"将坐标信息记录在模型中,如图8-10所示。

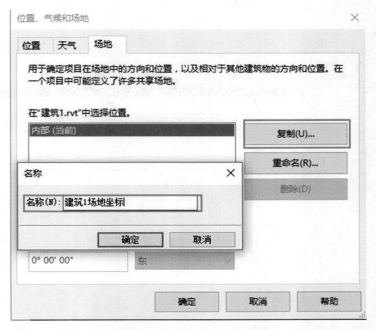

图 8-9　选择"复制"并命名新的位置为"建筑1场地坐标"

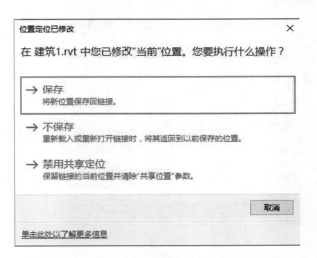

图 8-10　选择"保存"将坐标信息记录在模型中

（11）打开"插入"菜单中的"管理链接"，对链接进的文件进行管理，如图 8-11 所示。

图 8-11　打开"插入"菜单中的"管理链接"

(12)删除链接文件,如图 8-12 所示。

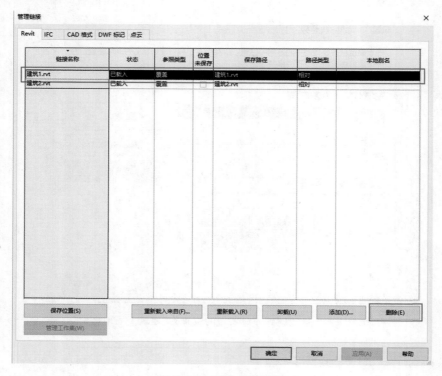

图 8-12　删除链接文件

(13)重新链接"建筑 1",选择定位模式为"自动—通过共享坐标",如图 8-13 所示。

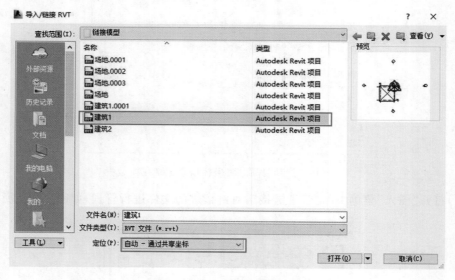

图 8-13　重新链接"建筑 1"

(14)在弹出的"位置、气候和场地"对话框中选择位置"建筑 1 场地坐标",点击"确定",如图 8-14 所示。

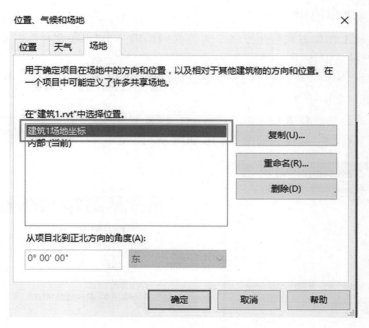

图 8 - 14　选择位置"建筑 1 场地坐标"

(15)同理链接"建筑 2",得到最终结果,如图 8 - 15 所示。

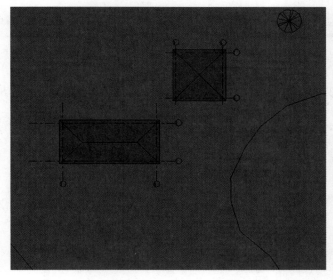

图 8 - 15

小提示

在布置小区时常常会出现一块场地中重复出现多个相同的建筑,还可以通过为一栋建筑设置多个共享坐标并多次链接同一个建筑文件来实现。

8.1.3 创建和使用工作集

Revit 提供的工作集方式可用于多个人员共同编辑一个"中心文件",从而实现不同人员之间对同一模型的实时操作。

在使用工作集协同工作的时候,首先要求协同操作的人员存在于同一个网络环境中,并在网络服务器上建立一个共享文件夹。

(1)在本地磁盘任意位置创建一个文件夹,命名为"中心文件",并设置其属性为共享。点击"高级共享"后设置"权限",如图 8-16 和图 8-17 所示。

图 8-16　中心文件属性

图 8-17　高级共享

(2)设置共享权限为"Everyone"允许"完全控制""更改""读取",如图 8-18 所示。

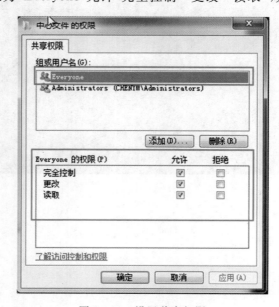

图 8-18　设置共享权限

（3）在"网络"中找到共享文件夹并为其创建映射网络驱动器，同时，其他参与协同操作的电脑也需要在本地映射网络驱动器，如图8-19所示。

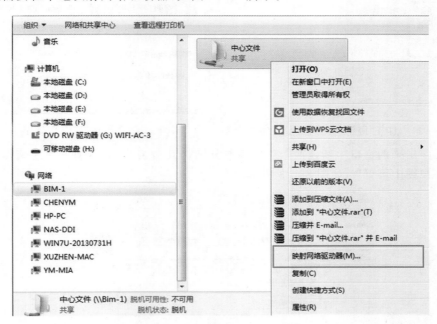

图8-19　映射网络驱动器

（4）打开需要创建工作集的项目文件，首先以BIM经理的身份创建工作集，如图8-20所示。

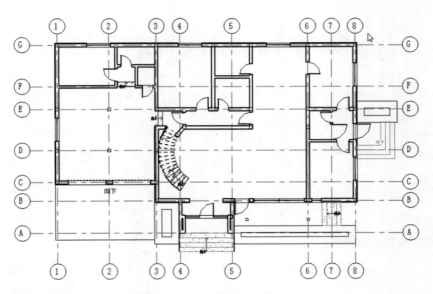

图8-20　创建工作集

（5）打开"协作"中的"工作集"选项，如图8-21所示。

（6）设置"工作共享"窗口，将剩余图元移动到工作集"项目负责人"，如图8-22所示。

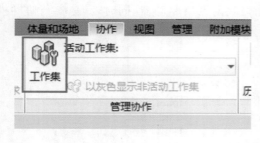

图8-21 打开"协作"中的"工作集"选项

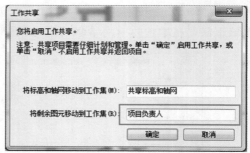

图8-22 设置"工作共享"窗口

(7)在弹出来的窗口中新建两个工作集并分别将其命名为"建筑师1""建筑师2",均勾选"在所有视图中可见",如图8-23所示。

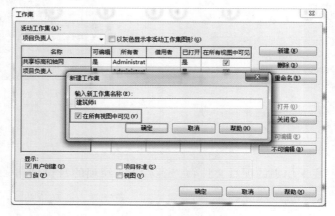

图8-23 新建两个工作集

(8)接下来要分配工作任务,通过选择过滤器选择图元,选择所有的窗,如图8-24所示。

(9)在属性面板中将所有窗分配给建筑师1,所有门分配给建筑师2,如图8-25所示。

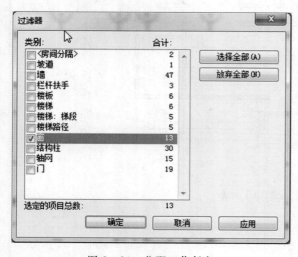

图8-24 分配工作任务

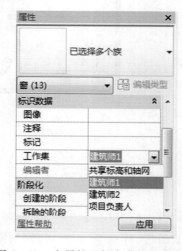

图8-25 在属性面板中分配工作任务

(10)将文件"另存为"到刚设置的共享文件网络驱动器中。

(11)在"协作"中再次打开"工作集"选项,如图8-26所示。

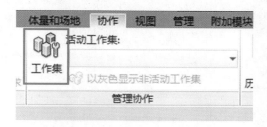

图8-26　再次打开"工作集"选项

(12)将所有的工作集"可编辑"设置为"否"后单击"确定",如图8-27所示。

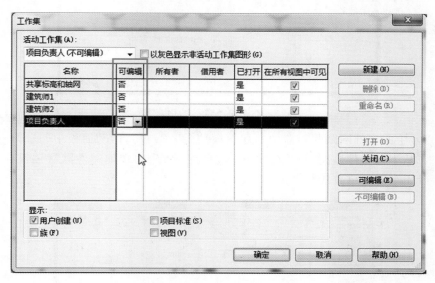

图8-27　"可编辑"设置

(13)在"协作"中单击"与中心文件同步"来同步中心文件,如图8-28所示。如果有必要,可以为此次同步添加注释以表明自己此次工作的内容。

图8-28　同步中心文件

此时,工作集任务的分配已经完成,接下来将以项目负责人的身份认领权限。

(14)打开"开始"菜单中的"选项",更改自己的用户名为"项目负责人",如图8-29所示。

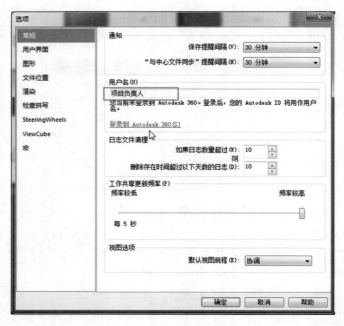

图 8-29　更改自己的用户名

(15)打开中心文件网路驱动器中的建筑模型(注意:在"打开"面板中勾选"新建本地文件",不勾选"从中心文件分离"),如图 8-30 所示。新建的本地文件默认被保存在"文档"中,再次打开模型时可以直接打开本地文件。

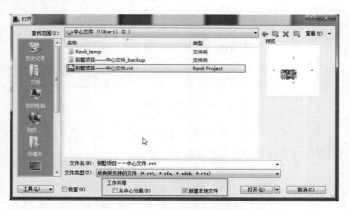

图 8-30　打开中心文件网路驱动器中的建筑模型

(16)在"协作"中打开"工作集"选项以项目负责人的身份认领工作权限。

(17)将"共享标高和轴网"以及"项目负责人"工作集设置为"可编辑",其所有者也变为"项目负责人",如图 8-31 所示。此时项目负责人拥有标高、轴网和其他未分配的图元的编辑权限,其他人不可更改。

(18)在"协作"中单击"与中心文件同步"来完成自己的工作并同步。

采取以上程序,可以对一个设计模型进行拆分,并且根据项目的需要分配给设计团队的不同设计者,这样就初步完成了建筑专业协同设计平台的搭建。接下来,将讨论协同设计数据的共享与管理。

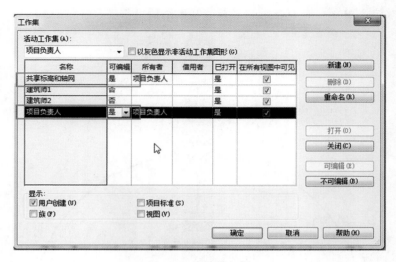

图 8-31　编辑权限

8.2　数据的共享与管理 * ①

8.2.1　BIM 三维协同设计的特点

协同设计是指基于网络的一种设计沟通交流手段以及设计流程的组织管理形式。BIM 设计的一大优势即三维协同,它是完成高质量集成化模型设计和交付的关键,也是达成 BIM 设计价值的关键。其主要特点如下:

(1)BIM 三维协同设计比传统的二维设计更加直观,专业构件之间的空间关系更加清晰,很大程度上避免了误读或者疏漏的情况。

(2)协同不仅是空间意义上的协同,还包括物理信息的协同,不同专业根据阶段性的交付标准同步深化构建信息,使设计决策可参考的信息更加丰富。

(3)协同维度范围大,设计团队可以得到业主 BIM 团队和承包商 BIM 团队的支持,进而获得更多的信息。

8.2.2　协同设计平台的基本结构

协同设计平台的架构可分为本地文件区和共享文件区两部分,本地文件区存储的是工作正在进行中的文件(WIP)。不同专业有各自的本地文件,如果专业模型经过切分后分配给若干相同专业的模型设计人,那么就需要本地组合完成完整的专业模型,这一模型又称为专业中心文件。例如,建筑专业模型被切分为 4 个独立的模型,由 4 个设计人分别负责建模,这些文件最终被整合在"建筑中心文件"中。设计人通过定时更新处于编辑状态的最新模型,使建筑中心文件不断更新。专业中心文件经过审核后被上传至项目共享区,成为可供其他专业读取和链接的文件资料。置于共享区的中心文件原则上不允许被直接打开,为了保证共享区模型的唯一性,只允许被复制到本地后,作为链接文件使用。一般情况下,也不允许跨专业直接访问其他本地文件区的内容。2010 年英国发布的"BIM Standard for Au-

---

①标 * 部分为拓展内容。

todesk Revit"(第一版)中,对专业协同平台的基本结构进行了描述,如图 8－32 所示。

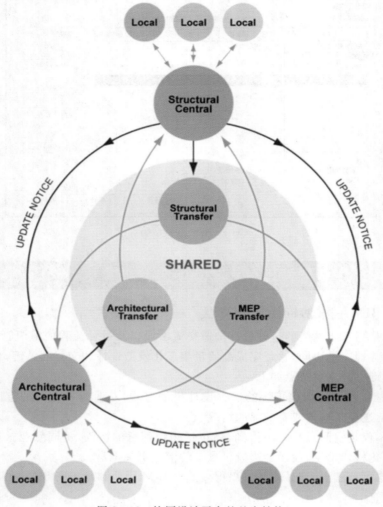

图 8－32　协同设计平台的基本结构

8.2.3　数据共享的管理

协同工作产生的数据一般存放在 4 种不同的公共数据环境(CDE)中,然后通过一定的规则进行共享和发布。英国"BIM Standard for Autodesk Revit"中对 BIM 设计的公共数据环境进行了描述,如图 8－33 所示。

(1)本地区域(可编辑):数据处于产生和工作阶段(WIP),由每个专业小组分别创建,形成动态的专业中心文件。由于该阶段的数据未经审核,不适合在本设计小组之外使用。一般情况下,个人数据每小时备份或上传回小组中心文件一次。

(2)共享区域(不可编辑):位于与其他专业共享的中心区域,在发布之前需要数据审核和确认。二维图纸应与模型文件同时发布,以降低错误风险。共享数据变更应及时发布变更通知。

从本地区域到共享区域共享之前应确认:无关视图都已经删除,文件已经过审核、清理

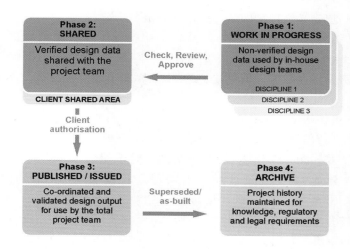

图 8-35　BIM 设计的公共数据环境

和压缩,文件格式和命名规则符合协议,模型包含了所有的本地修改,加载模型的所有数据均可获取,连接的参观文件已被移除等事项。

(3)发布区域(不可编辑):采用 Autodesk Design Review 对二维 DWF(优先选择)或 PDF 文件进行正式审批,保存文件至发布区域。如有条件建议采用 Navisworks 进行三维浏览和校审。避免用可编辑软件打开文件。如需要发布 BIM 模型时,应附加"仅供参考"的免责声明。

(4)归档区域(不可编辑):归档适用于设计流程的每个关键阶段,包括发布、修改和竣工数据。

8.3　协同设计的一般方法 * [①]

8.3.1　确定共享项目资源库

资源包括企业中央资源库和项目资源库两个层级。企业中央资源库中保存着企业 BIM 的通用模板、标题栏、族和其他通用数据,无论向资源库中添加或是修改内容,均应得到 BIM 协调员的权限或批准。鼓励创建企业级共享参数文件,以便在内容创建中保持命名方法的一致性。企业模板和共享参数文件保存在中央资源库的"标准"文件夹中,该文件由 BIM 管理团队进行维护。

企业的中心资源一般只提供了基本的构件信息,设计师必须在此基础上进行扩展。如果需要添加或者修改,必须复制到项目资源库中修改。如果设计师个人需要创建族,则需要在本地计算机上创建,在获得 BIM 协调人或模型经理的权限后,才能放到共享区内。由项目产生的新的共享组件在提交到企业族库之前应经过 BIM 协调人确认,以保证符合质量要求。

8.3.2　文件夹结构与命名规范

每个项目都应创建项目文件夹,储存在项目中心服务器中。为了使用者能够方便准确

---

①标 * 部分为拓展内容。

地查找到所需资料,应定义文件夹的结构和命名规范。

关于文件夹的结构,英国标准 BS1192—2007 中推荐了 4 种公共数据环境——"WIP,Shared,Published,Archived",即"进行中的工作,共享,发布,存档",可据此分别设置项目文件,在规定的文件夹中保存数据。值得注意的是,族库的子文件夹应区分不同的 Revit 版本和专业。

文件夹的名称可使用字母 A~Z、连字符、下划线,但不能使用空格。所有文件均不得删除或修改后缀。根据英国 BS1192—2007 规范,模型文件的命名应采用"项目—创作者—分区/系统—标高—类型—角色—描述"的顺序规则。对于使用工作集时要在文件尾部添加"—LOCAL"或者"—CENTRAL"。此外,工作集可以采用"分区—内容"或"分区_标高—内容"命名,视图可采用"标高—内容"的句法命名。

例如:模型文件名为"23563—ZYF—Z4—01—M3—AR—Main_Model—CETRAL. rvt",表示项目名称为 23563,模型归属人为 ZYF,所在分区为 Z4 区,模型的类型属于三维(3M),模型的专业角色为建筑(AR),文件描述为"主模型",属于本地文件。

2010 年英国发布的"BIM Standard for Autodesk Revit"中项目文件夹结构范例、族库文件夹结构范例如图 8-34 和图 8-35 所示,模型命名规则如图 8-36 所示。

```
- [Project Folder]
  - BIM                                     [BIM data repository]

    - 01-WIP                                [WIP data repository]
      - CAD_Data                            [CAD files (incl. 'Modified')]
      - BIM_Models                          [Design models (incl. 'Modified')]
      - Sheet_Files                         [Sheet/dwg files]
      - Export                              [Export data e.g. gbXML or images]
      - Families                            [Components created during this
                                             project (See 8.2.4)]
      - WIP_TSA                             [WIP Temporary Shared Area (TSA)]

    - 02-Shared                             [Verified Shared data]
      - CAD_Data                            [CAD data/output files]
      - BIM_Models                          [Design models]
      - Coord_Models                        [Compilation models]

    - 03-Published                          [Published Data]
      + YYMMDD_Description                   [Sample submission folder]
      + YYMMDD_Description                   [Sample submission folder]

    - 04-Archived                           [Archived Data repository]
      + YYMMDD_Description                   [Archive folder]
      + YYMMDD_Description                   [Archive folder]

    - 05-Incoming                           [Incoming Data repository]
      - Source                              [Data originator]
        + YYMMDD_Description                 [Incoming folder]
      + Source                              [Data originator]

    - 06-Resource                           [Project support files]
      + Titleblocks                         [Drawing borders/titleblocks]
      + Logos                               [Project logos]
      + Standards                           [Project standards]
```

图 8-34　项目文件夹结构范例

```
- 📁 **Architecture**
    - 📁 Casework
    - 📁 Ceilings
    - 📁 Columns                    [Arch non-analytical columns]
    - 📁 Curtain_Panel_by_Pattern
    - 📁 Curtain_Wall_Panels
    - 📁 Detail_Components
    - 📁 Doors
    - 📁 Electrical_Fixtures         [Arch versions]
    - 📁 Entourage
    - 📁 Floors
    - 📁 Furniture
    - 📁 Generic_Models
    - 📁 Lighting_Fixtures          [Arch versions]
    - 📁 Mass_Elements
    - 📁 Mass
    - 📁 Planting
    - 📁 Plumbing_Fixtures          [Arch versions]
    - 📁 Profiles
    - 📁 Q_Families
    - 📁 Roofs
    - 📁 Site
    - 📁 Speciality_Equipment
    - 📁 Stairs_and_Railings
    - 📁 Balusters
    - 📁 Sustainable_Design
    - 📁 Walls
    - 📁 Windows
```

图 8-35 族库文件夹结构范例

8.3.3 模型拆分的原则

一般模型在最初阶段应创建孤立的、单用户文件。随着模型规模的不断扩大或团队成员的不断增加,应对模型进行拆分。模型拆分的主要目的是使每个设计者清晰地了解所负责的专业模型的边界,以顺利地开展协同设计工作;同时保证在模型数据逐步增加的过程中硬件的运行速度。拆分的原则是边界清晰、个体完整,一般由该项目的 BIM 协调人根据工程的特点和经验划分。通常采用的拆分原则包括:

(1)一个文件最多包含一个建筑体;

(2)一个模型文件应仅包含来自一个专业的数据;

(3)单模型文件不宜大于 100MB;

(4)当一个项目包含多个拆分模型时,应创建一个专业中心文件,将多个模型组合在一起。

Discipline Codes	
AR	Architects
BS	Building surveyors
CI	Civil engineers
DR	Drainage, Road, Sewer
EL	Electrical engineers
CC	Cable Containment
EL	Electrical Services
FA	Fire Alarms
LP	Lightning Protection
LT	Lighting
SE	Security
SP	Small Power
FI	Fire
FM	Facilities managers
GI	GIS, land surveyors
HS	Health and safety
ID	Interior designers
TE	Telecommunications
CL	Client
LA	Landscape architects
ME	Mechanical engineers
CW	Chilled Water
HT	Heating
ME	Mechanical Services
VT	Ventilation
EN	Environmental
PH	Public health
DR	Drainage
FS	Fire Services
PH	Public Health Services
SR	Sanitation and Rainwater
WS	Water Services
QS	Quantity surveyors
RA	Rail
ST	Structural engineers
TP	Town / Transport planners
CO	Contractors
SC	Sub-contractors
SD	Specialist designers
ZZ	General (non-specific)

Project Zone Code Examples	
01	Building or zone 1
ZA	Zone A
B1	Building 1
CP	Car park
A2	Area Designation 2

Project Level Code Examples	
01	First floor
B2	Basement 2
M1	Mezzanine 1
RF	Roof
PL	Piling
FN	Foundation

图 8 - 36　模型命名规则

综合实训篇

第9章　实训案例

教学导入

本章通过实训案例的教学,使学生学习并掌握 Revit 软件建模的完整流程,了解并熟悉软件在建筑设计过程中的具体使用方法,同时也将从一个全新的视角认知和理解建筑中形式与空间的意义。

9.1　项目概况

某城市历史风情区内一块方整矩形用地,其中有四幢意式风格的历史保护建筑,这几座建筑原则上不作改造。总建筑面积约为 4000 m²($\pm$10%),绿地率大于 25%,建筑高度不超过 24 m,框架结构形式。项目展示出城市特色空间,突出建筑与城市街区(租界区)的联系。设计内容包括会议区、展览区、餐饮区、住宿区及办公区五个部分。

9.2　项目成果展示

(1)项目完整的平面图、立面图、剖面图。

项目完整的平面图、立面图、剖面图图纸如图 9-1、图 9-2、图 9-3 所示。

(2)渲染图。

室外及室内渲染图、剖透视渲染图,如图 9-4、图 9-5、图 9-6 所示。

9.3　实训目标要求

通过实训使学生能够加深认识 Revit 的建模思路,理解建模流程,做到熟练掌握软件的基本功能与使用方法。此外,学生还可以选择把自己课程设计的作品完整建模表达出来。

9.4　提交成果要求

建筑的各层平面图、立面图、剖面图;室内外渲染图各一张,剖透视渲染图一张。

9.5　实训准备

关于 Revit 软件,可以到 Autodesk 官方网站下载教育版免费安装使用。网址为:https://knowledge.autodesk.com/customer－service/download－install/download/education－downloads.

9.6　实训步骤和方法

1.设置样板文件

将"实训样板.rte"作为项目的样板文件。

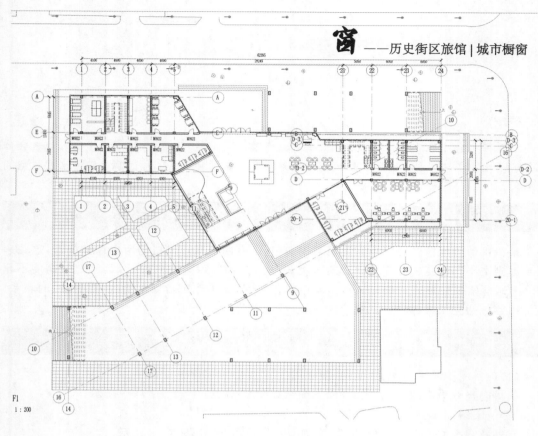

图 9-1　平面图

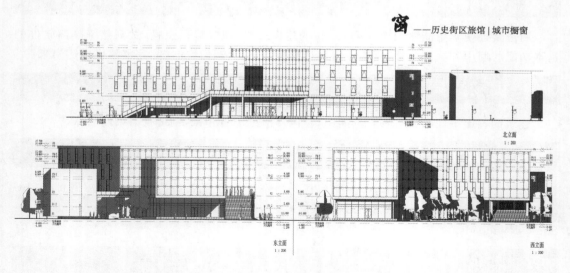

图 9-2　立面图

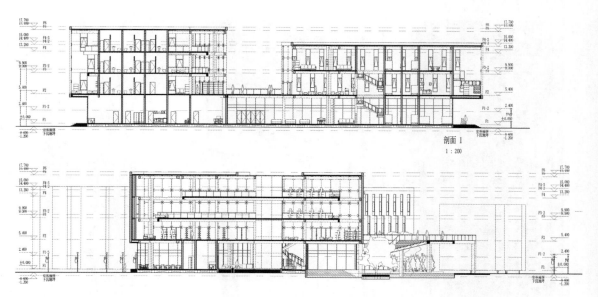

图 9-3 剖面图

图 9-4 室外渲染图

2. 标高与轴网

先"绘制标高",再"绘制轴网"。编辑好"标高与轴网"以后,将其锁定,以防止绘制其他图元之时对其产生不必要的影响。

3. 首层平面

(1)添加结构柱;

(2)添加一层墙体;

(3)插入编辑门和窗;

图 9 - 5　室内渲染图

图 9 - 6　剖透视渲染图

（4）创建首层楼板。

4.二层至四层平面

（1）添加二层至四层墙体；

(2)添加二层至四层门窗;

(3)创建二层至四层楼板,中庭、楼梯间部分开洞并添加栏杆扶手;

(4)绘制框架梁。

5.玻璃幕墙

(1)绘制点式玻璃幕墙,幕墙上的门使用门嵌板替换;

(2)绘制各层玻璃幕墙,添加竖挺。

6.楼梯与栏杆扶手

(1)绘制室外单跑楼梯,编辑楼梯并添加栏杆扶手;

(2)绘制室内楼梯,添加栏杆扶手。

7.屋顶平面

(1)用"玻璃斜窗"创建玻璃采光顶部分,与点式玻璃幕墙衔接;

(2)用"屋顶"或"楼板"创建平屋顶。

8.创建室外构件

(1)添加室外台阶、坡道等;

(2)添加雨篷;

(3)添加建筑装饰线条与构件。

9.添加室内构件

(1)室内公共空间的重点设计,布置家具;

(2)客房标准层设计,添加家具、卫生洁具。

10.场地设计

(1)导入"实训案例 1 地形图 .dwg"文件,利用导入的 CAD 文件创建场地地形和环境配景;

(2)布置场地环境配景。

11.尺寸标注

为平面图、剖面图添加尺寸标注。

12.渲染表现

(1)创建室内外各个透视视图,调整视图与角度;

(2)调节渲染精细度,先试渲染,再最后进行表现。

13.布局出图

(1)载入 A1 图框,布置各个视图;

(2)使用"清除未使用项"命令以减小文件大小,将文件命名存盘,这样在一个模型文件中就完成并包含了方案表达的全部内容。

9.7 实训总结

本章的学习重点是软件的操作流程,完整建成模型是实训的目标和任务。BIM 的学习不能脱离实际,建议软件的学习进一步延伸,将实训与工程实际充分结合,在实践中加深对 BIM 应用体系的理解与认知,并能尝试实现多专业的协同,在多专业的配合与协调当中强化对软件操作的熟练度。

参考文献

[1]许蓁.BIM 应用设计[M]. 上海:同济大学出版社,2016.

[2] 李建成.BIM 应用总论[M]. 上海:同济大学出版社,2016.

[3] 叶雄进,金永超,等.BIM 建模应用技术[M]. 北京:中国建筑工业出版社,2016.

[4] 刘文广,牟培超,等.BIM 应用基础[M]. 上海:同济大学出版社,2013.

附　录　BIM 相关软件获取网址

序号	名称	网址
1	AutoCAD	http://www. Autodesk. com. cn/products/AutoCAD/free-trial
2	SketchUp	http://www. sketchup. com/zh-CN/download
3	3ds Max	http://www. Autodesk. com. cn/products/3ds-max/free-trial
4	Revit	http://www. Autodesk. com. cn/products/Revit-family/free-trial
5	ArchiCAD	https://myarchiCAD. com/
6	AutoCAD Architecture	http://www. Autodesk. com. cn/products/AutoCAD-architecture/free-trial
7	Rhino	http://www. Rhino3d. com/download
8	CATIA	http://www. 3ds. com/zh/products-services/catia/
9	Tekla Structures	https://www. tekla. com/products
10	Bentley	www. bentley. com
11	PKPM	http://47. 92. 92. 199/pkpm/index. php？ m＝content&c＝index&a＝lists&catid＝35
12	天正软件	http://www. tangent. com. cn/download/shiyong/
13	斯维尔	http://www. thsware. com/
14	广联达 BIM	http://bim. glodon. com/
15	浩辰 CAD	http://www. gstarCAD. com/downloadall/index. html
16	鸿业科技	http://www. hongye. com. cn/
17	博超软件	http://www. bochao. com. cn/index. asp
18	广厦软件	http://www. gsCAD. com. cn/Downloads. aspx？ type＝0
19	探索者	http://www. tsz. com. cn/view/webjsp/sygm/zhichifuwu. jsp
20	鲁班软件	http://www. lubansoft. com/
21	译筑 EBIM 软件	http://www. ezbim. net/
22	晨曦 BIM	http://www. chenxisoft. com/CXBIM/Product/ProductCentre？ menuIndex＝2
23	品茗软件	www. pmddw. com